Inhalt / Content

0 Einführung / Introdu

Designprojekte / Design Projects

1 Farm

2 Markt/Market

3 Küche/Kitchen

4 Tisch/Table

Anhang / Appendix

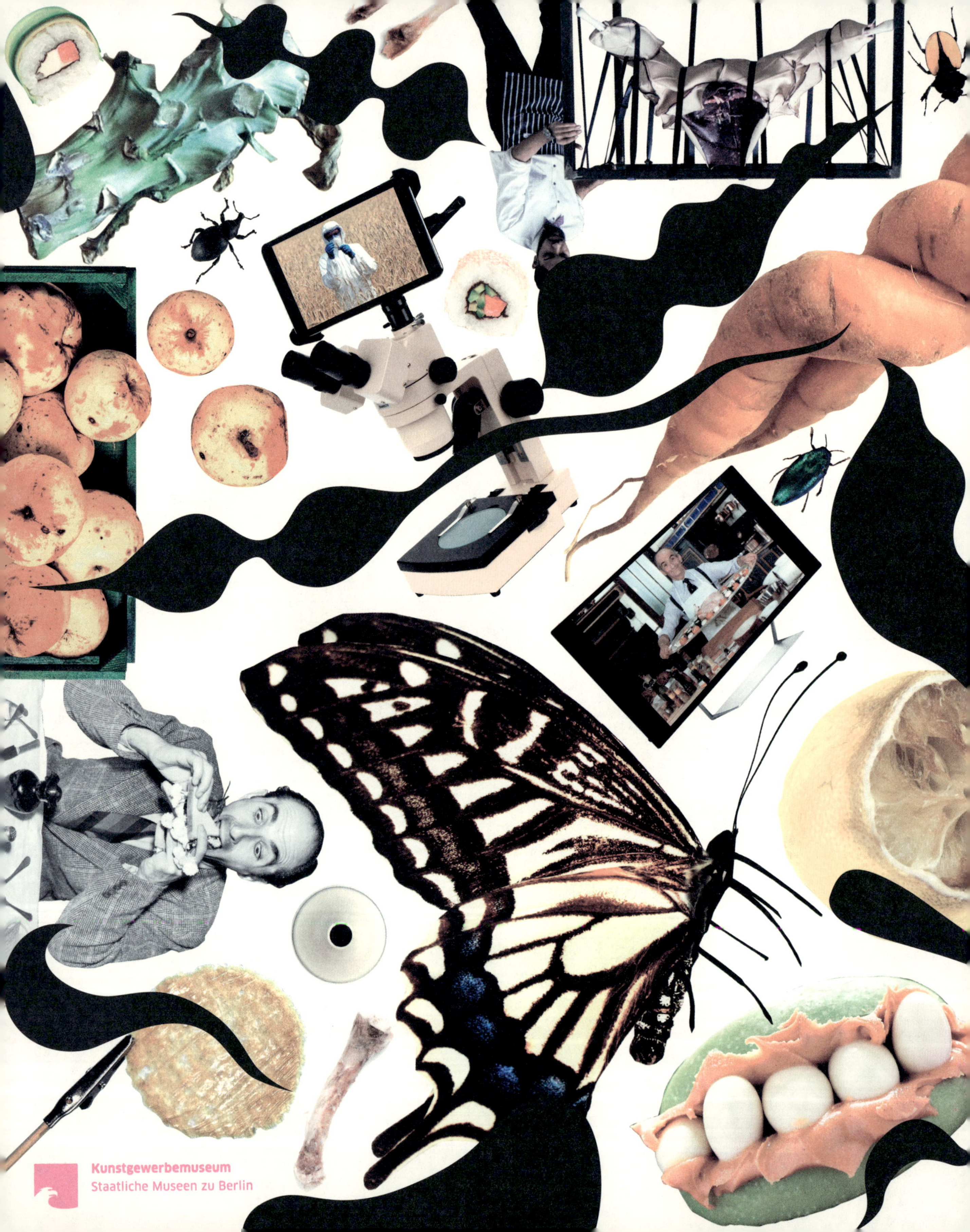

Kunstgewerbemuseum
Staatliche Museen zu Berlin

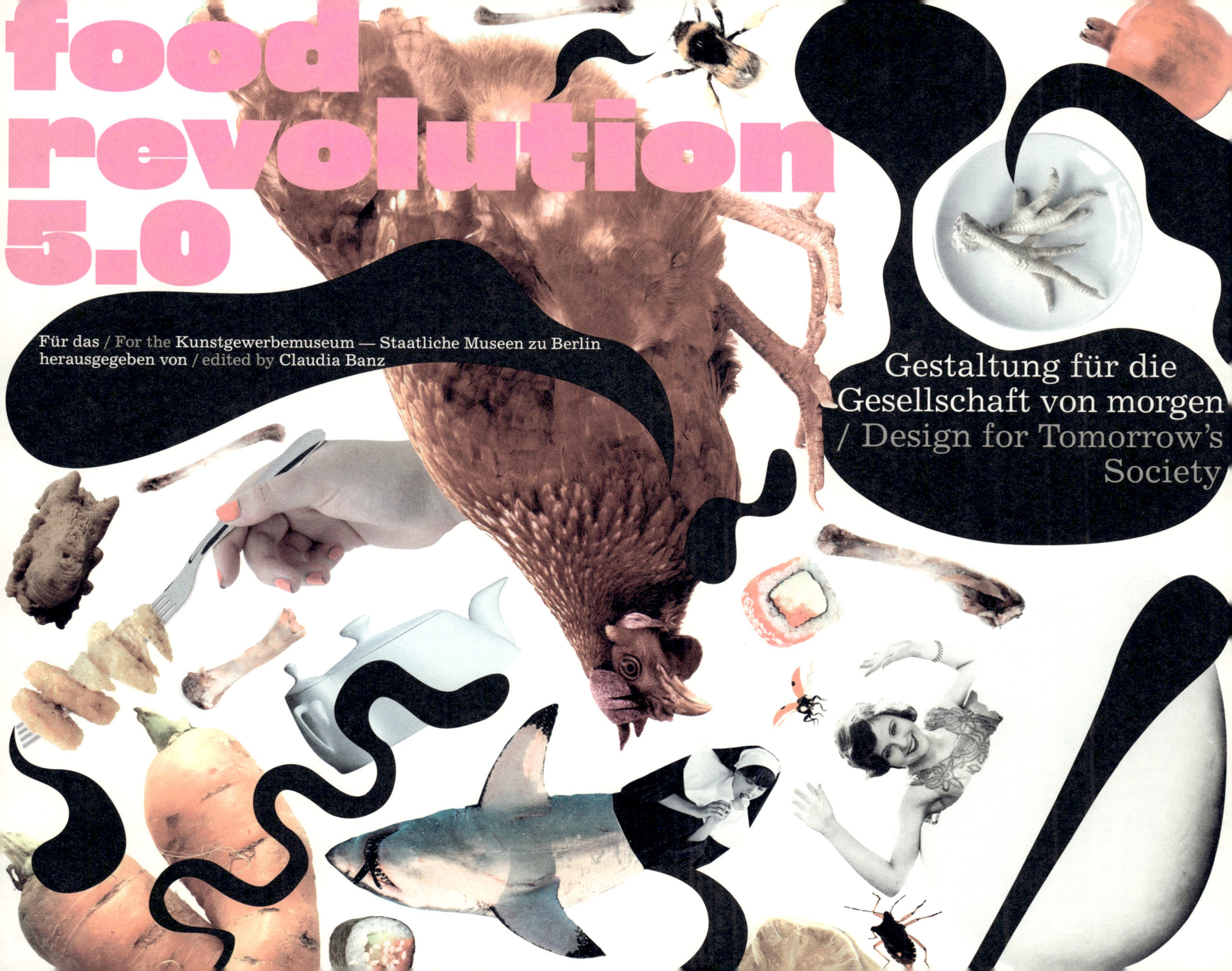
food
revolution
5.0
Für das / For the Kunstgewerbemuseum — Staatliche Museen zu Berlin
herausgegeben von / edited by Claudia Banz
Gestaltung für die Gesellschaft von morgen / Design for Tomorrow's Society

vorwort / foreword

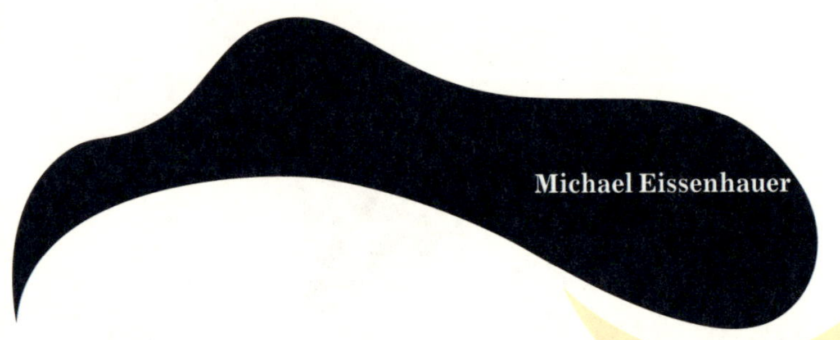

Michael Eissenhauer

Generaldirektor / Director-General Staatliche Museen zu Berlin
Direktor / Director Gemäldegalerie und /and Skulpturensammlung

›Food‹ ist ein Sinnbild für Leben und inzwischen für viele Menschen zu einer Art Ersatzreligion geworden. Den Begriff ›Food‹ dabei nur auf Konsum und Lifestyle zu reduzieren, greift jedoch zu kurz. Soziale, kulturelle und ökologische Aspekte spielen eine immer wichtigere Rolle, wenn es darum geht, über die Zukunft unserer Ernährung im Kontext von Klimawandel, Landwirtschaft, Lebensmittelproduktion, Gastronomie und Gesundheitswesen nachzudenken.

»Feeding the Planet, Energy for Life« lautete das Motto der *Expo 2015* in Mailand, die sich Antworten versprach auf die zukünftigen, großen Herausforderungen der Welternährung. Die Erkenntnis, dass das Ernährungssystem für eine nachhaltige Stadtentwicklung von Bedeutung ist, beginnt sich langsam auch auf politischer Ebene durchzusetzen. Im Nachgang zur *Expo 2015* in Mailand unterzeichneten über 100 Städte weltweit, darunter auch Berlin, den *Milan Urban Food Policy Pact* und verpflichteten sich damit, zukünftig nachhaltige Ernährungssysteme zu entwickeln. Berlin gehört außerdem zu den ersten deutschen Städten, in denen sich ein Ernährungsrat gründete.

Die Auseinandersetzung mit dem Thema ›Food‹ impliziert die zentrale Frage nach der Zukunft unserer Gesellschaft, nach den Gestaltungsmöglichkeiten und danach, wer eine Stimme in diesen komplexen Gestaltungsprozessen bekommt oder bekommen sollte, die von industriell-globalen zu handwerklich-regionalen Ansätzen oszillieren. Es geht um nichts weniger, als das bisherige Verhältnis von Mensch, Ernährung, Haus, Stadt und Welt neu zu justieren und dadurch den ökologischen Fußabdruck unseres täglichen Essens zu verbessern. In zahlreichen zivilgesellschaftlichen Food-Initiativen werden in Berlin und weltweit innovative und expe-

›Food‹ means life — and for many people, it has meanwhile become almost an ersatz religion. To reduce the term ›food‹ to consumption and lifestyle, however, hardly does the topic justice. Increasingly important when it comes to thinking about future sources of nourishment in the context of climate change, agriculture, foodstuffs production, gastronomy, and healthcare are a range of social, cultural, and ecological aspects.

»Feeding the Planet, Energy for Life« was the motto adopted by *Expo 2015* in Milan, which promised answers to the enormous challenges involved in feeding the world in the foreseeable future. The recognition that the food system is crucial for sustainable urban development has begun to establish itself, albeit slowly, in the political sphere. In the aftermath of *Expo 2015* in Milan, 100 cities around the world — Berlin among them — became signatories to the *Milan Urban Food Policy Pact*, thereby pledging to develop sustainable food systems for the future. Berlin is also one of the first German cities to establish a Food Policy Council.

A confrontation with the theme of ›food‹ involves central questions that will face our society in the future — questions concerning organizational possibilities, and concerning who will — or should — have a voice regarding these complex processes, which oscillate between industrial-global and handicraft-regional approaches. This issue entails nothing less than the realignment of hitherto existing relationships between human beings, nutrition, housing, urban life, and

rimentelle Formen des Umgangs mit Nahrungsressourcen und Lebensmitteln erprobt und als *bottom-up*-Prozesse in den urbanen Raum eingespeist. Als Gegenströmung zum konventionellen Ernährungssystem können solche Initiativen als Pioniere der städtischen Food Revolution gesehen werden. Ein stabiles Vertrauen in die Produkte und Fairness bei der Lebensmittelerzeugung und -verarbeitung bilden dabei die elementaren Bedürfnisse der heutigen Konsumenten.

Ernährung oder Food ist aktuell auch in den Fokus zahlreicher Designer gerückt. Dabei geht es nicht etwa um das neueste Design oder Styling einer Nudel oder anderer Lebensmittel, sondern um weitaus komplexere Fragestellungen: Welche alternativen Nahrungsmittelressourcen können zukünftig genutzt werden, um die negative Umweltbilanz unserer Ernährung aufzubessern? Wie können die neuen Technologien und wissenschaftlichen Forschungen, wie etwa die synthetische Biologie, für die sinnvolle Entwicklung neuartiger, bis dato noch unbekannter Nahrungsmittel eingesetzt werden? Mit welchen Mitteln können wir mehr Resilienz in unsere städtische Nahrungsversorgung bringen? Welche Küchenmodelle sind wirklich nachhaltig? Wie können zukünftig alle Menschen, die im städtischen Raum leben, zu Imkern werden und dadurch gleichzeitig mithelfen, den Lebensraum für die Honigbiene zu sichern?

Diesen und noch weiteren Fragen stellen sich die Designer*-innen in der Ausstellung *Food Revolution 5.0*. Sie wurden eingeladen, ihre Ideen zu präsentieren, die von Best-Practice-Beispielen bis hin zu spekulativen Versuchsanordnungen reichen. Denn auch diese Stärke besitzt das Design: Verschiedene Szenarien der Zukunft zu denken, das eigentlich noch nicht Darstellbare zu visualisieren und damit zur Diskussion zu stellen, anzuregen, aufzurütteln — manchmal auch mit einem Augenzwinkern.

Das Berliner Kunstgewerbemuseum am Kulturforum erscheint in doppelter Hinsicht als geeigneter Ort für eine Ausstellung zur Food Revolution. Zum einen gehört es zu den zentralen Aufgaben von Kunstgewerbemuseen, die Gestaltung unserer Lebenswelt in all ihren Facetten kritisch zu befragen und zu erforschen. Zum anderen stellt das Kulturforum im erweiterten Stadtzentrum Berlins eine geradezu ideale Experimentierfläche dar, um Urban Farming in Form einer »urbanen Streuobstwiese« oder einem »essbaren Garten« zu erproben.

Claudia Banz hat diese ebenso komplexe wie wichtige Sonderausstellung initiiert und bereits für das Museum für Kunst und Gewerbe Hamburg realisiert. Für die Berliner Station hat sie die Ausstellung um bedeutende neue Arbeiten und Neuproduktionen ergänzt und substantiell weiter gedacht. Für ihren kreativen und engagierten Einsatz gilt ihr mein größter Dank. Gedankt sei außerdem Neila Kemmer, Sophie Angelov und Cherry Wong, die bei der Vorbereitung der Ausstellung und der Publikation mitwirkten. Die Besucherinnen und Besucher können sich mit *Food Revolution 5.0* auf eine überraschende Ausstellung und ein sinnliches Erlebnis am Kulturforum freuen.

the world at large, and hence the need to reduce the ecological footprint caused by our daily dietary habits. Under exploration currently by numerous food initiatives launched by civic groups, whether in Berlin or around the world, are innovative and experimental ways of dealing with the nutritional resources and foodstuffs that are being integrated as bottom-up processes into urban space. As countertendencies to conventional food systems, such initiatives may be regarded as pioneering an urban food revolution. For today's consumers, confidence in food products and fairness in the production and processing of foodstuffs are elementary desiderata.

Currently, nutrition and food are shifting into the focus of attention for many designers. Here, it is less a question of the designing or styling the latest pasta or food product, and instead involves a far more complex set of issues: Which alternative nutritional resources will enable us to reduce our collective environmental footprint in the future? Which new technologies and fields of scientific research, i.e. synthetic biology, can be deployed for the beneficial development of hitherto unknown types of foodstuffs? What resources will allow us to achieve greater resilience with regard to urban food supplies? Which kitchen models are genuinely sustainable? How can all of us who inhabit urban environments become beekeepers, at the same time securing an ecological niche for the honeybee in the future?

These are just some of the questions posed by the designers represented in *Food Revolution 5.0*. They were invited to present their ideas, which range from examples of best practice all the way to speculative and experimental approaches. They highlight a peculiar strength that is so characteristic of design: it is able to conceptualize scenarios for the future, to visualize and submit for discussion as yet inconceivable scenarios, to stimulate, to inspire, to shake us up — at times with a wink.

In a double sense, the Berlin Kunstgewerbemuseum (Museum of Decorative Arts) at the Kulturforum offers itself as a fitting venue for an exhibition on the current Food Revolution. First, it is among the central tasks of the Museums of Decorative Arts to critically interrogate and to explore the design aspect of our inhabited environment in all of its facets. Secondly, the Kulturforum, located in Berlin's expanded city center, is an almost ideal experimental arena for urban farming, in the form of an ›urban orchard‹ or an ›edible garden‹.

Claudia Banz initiated this exhibition, as intricate as it is important, and has already realized a version of it for the Museum für Kunst und Gewerbe in Hamburg. For the Berlin version, she has reconceived the presentation and supplemented it with major new works and productions. I want to extend my sincerest gratitude for her creativity and dedication. Thanks as well to Neila Kemmer, Sophie Angelov, and Cherry Wong, who contributed to the preparation of both the exhibition and the catalogue. Awaiting visitors to *Food Revolution 5.0* at the Kulturforum is an astonishing exhibition and a sensuous experience.

food revolution in berlin

Neila Kemmer

Juniorkuratorin / Junior Curator, Kunstgewerbemuseum — Staatliche Museen zu Berlin

Essen ist Thema in Berlin. Neben dem großstädtisch umfangreichen Angebot an Restaurants und Imbissen aller Preisklassen und Geschmacksrichtungen sprechen zahlreiche Formate ein urbanes Publikum an, das Essen als Kulturprogramm betrachtet. Essen soll nicht einfach der Befriedigung eines Grundbedürfnisses dienen, sondern Genuss und soziale Interaktion zu einem Event vereinen: Food Festivals, Streetfood-Märkte, temporäre Restaurants ringen um Aufmerksamkeit; in Supper Clubs, bei Pop-Up- und Running Dinnern präsentieren Laien oder professionelle Köch*innen in Privatwohnungen, Bars und anderen Off-Locations ihr kulinarisches Können. Blogs und Magazine kündigen an, was neu und angesagt ist. Lokale öffnen und schließen so schnell in dieser Stadt, wie die neuesten Tipps aufgegriffen und fallengelassen werden. In unserer Situation des Nahrungsmittelüberflusses wird, was und wo wir essen, zur identitätsstiftenden Praxis. Noch bedeutsamer ist sogar, was wir nicht essen. Mit bewusstem Verzicht beschäftigen wir uns nicht nur, weil heute mehr Unverträglichkeiten denn je diagnostiziert werden. Gesund, schön, schlank lauten die Körperideale unserer Wohlstandsgesellschaft. Die zunehmende Zahl der Essstörungen lässt sich durchaus als Reaktion auf diese Maximen deuten, die ein ständiges Nein gegenüber der Versuchung erfordern. Disziplinierung beim Essen wird heute nicht wie in der Kriegs- und Nachkriegsküche aus der Not heraus geboren, sondern aus dem übermäßigen Angebot. Obwohl wir uns so viel mit Food-Events, Ernäh-

Food is a big topic in Berlin. Alongside the wide range of restaurants and snack bars one finds in a big city, which cater to all price classes and culinary tastes, numerous additional formats cater to an urban public that regards dining as a cultural program. Here, eating is something more than the satisfaction of a basic need, and instead unites enjoyment and social interaction in the form of the event: food festivals, street markets, and temporary restaurants vie with one another for attention; at supper clubs, pop-up and running dinners, laypeople and professional chefs showcase their culinary talents in private apartments, bars, and other off locations. Blogs and magazines offer pointers about the newest and hottest offerings. In this city, cafés and restaurants open and close just as quickly as the latest tips are disseminated and become obsolete in their turn. Given this scenario of alimentary superabundance, decisions concerning what and where we eat come to define our very identities. Even more significant, however, are our decisions about what not to eat. We have become preoccupied with forms of deliberate renunciation — and not just because today, new forms of food intolerance are being diagnosed with unprecedented frequency. The physical ideals of our affluent society dictate that we strive to be healthy, beautiful, and slim. The increasing number of eating disorders is clearly interpretable as a reaction to such dictums, which call upon us to continually resist temptation. Today, unlike the wartime and postwar eras, self-discipline with regard to eating is not a function of hardship or necessity, but instead of an excessive profusion of options. And despite our preoccupation with food events, nutritional trends, and the dining experience, we often have no idea what is contained in the food-

rungstrends und Geschmacksereignissen beschäftigen, wissen wir oft nicht, was die Nahrungsmittel enthalten, die wir zu uns nehmen, woher sie kommen oder wie sie produziert werden. Das zu ignorieren, die Möglichkeit, Essen als Genuss, Lebensstil und Erlebnis zu betrachten, ist ein Privileg. Wir müssen einen Blick über den Tellerrand wagen, um uns in unserer Blase als Teil eines global vernetzten Ernährungssystems zu erkennen.

Global gesehen: Monokultur und Monopolisierung In den europäischen Supermärkten liegen Äpfel aus Neuseeland, der Espresso stammt aus Lateinamerika und die ganze Welt kauft deutsches Schweinefleisch. Der Markt wird von global agierenden Firmen bestimmt. Diese bescheren uns hier in Europa viel günstiges Essen, während sich in anderen Teilen der Welt nichts an Hunger und Mangelernährung ändert. Die ungleiche Verteilung von Land und dem Zugang zu Ressourcen manifestiert diese soziale Ungerechtigkeit. Gleichzeitig verursachen Agrar- und Lebensmittelindustrie irreversible Umweltschäden: Treibhausgase, hervorgerufen durch die Viehwirtschaft, die Verödung des Bodens durch die Abholzung des Regenwaldes und den Anbau von Monokulturen, Grundwasserverseuchung durch Düngemittel und Pestizide; die Folgen für Natur und Klima sind nicht abzusehen, werden aber zunehmend spürbar.(1) Auch unser Konsumverhalten ist mitverantwortlich für den Klimawandel. Die Zusammenhänge werden klarer, wenn wir ein für Berlin besonders typisches Beispiel verfolgen: eine Currywurst. Sie besteht zu 50 bis 60% aus Schweinefleisch und zu 30% aus Schweinespeck, die höchstwahrscheinlich aus Deutschland stammen. Denn deutsche Mastbetriebe produzieren 60 Millionen Schweine im Jahr. Diese Unternehmen verstärkten ihre Marktmacht nach der Wende durch die Übernahme der auf Massenproduktion angelegten Landwirtschaftlichen Produktionsgenossenschaften (LPG) der ehemaligen DDR. So auch die drei größten Schlachthöfe, Tönnies, Vion und Westfleisch, die insgesamt mehr als die Hälfte dieser Schweine verarbeiten, jede um die 20.000 Tiere am Tag. Deutsches Fleisch ist ein Exportschlager, weil es billiger ist als das aus anderen EU-Ländern. Dafür sorgen unter anderem Leiharbeiter*innen aus Osteuropa, die für geringe Löhne und ohne arbeitsrechtliche Absicherung an den Zerteilstationen eingesetzt werden. Dafür sorgt auch die effiziente Mast in Großraumställen mit billigem Kraftfutter. Das besteht meist aus Soja und Mais, die vor allem in Nord- und Südamerika auf riesigen Feldern in Monokultur angebaut werden. Das Saatgut dafür wird gentechnisch verändert, damit die Pflanzen gegen das verwendete Pflanzenvernichtungsmittel resistent sind. Dabei wird auf artfremde Gene zurückgegriffen; transgene Pflanzen entstehen, die es in der Natur nie gegeben hätte. Die großen internationalen Agrarkonzerne bieten das Saatgut zusammen mit dem Breitbandherbizid an, was wiederum die Landwirt*innen, die zunächst von der Ertragssteigerung zu profitieren glaubten, in die Abhängigkeit von den Produkten der Firmen zwingt. Transgene Pflanzen sind in Deutschland verboten, als importiertes Tierfut-

stuffs we eat, where they come from, how they are produced. The prerogative of simply ignoring all of that, of regarding food as a source of pleasure, a lifestyle choice, an experience, is a distinct privilege. To recognize that our limited universe is a part of a globally networked food system, we need to look up and beyond our dinner plates.

A Global Perspective: Monoculture and Monopolization
Found in European supermarkets are apples from New Zealand and espresso from Latin America, while German pork is available worldwide. The market is shaped by firms that are active globally. Here in Europe, this means the benefit of abundant affordable food, while in other parts of the world, hunger and malnutrition remain virulent. The unequal distribution of land and of access to resources is a manifestation of social injustice. At the same time, the agricultural and food industries are a source of irreversible environmental damage: greenhouse gases, caused by the livestock industry, desertification and soil erosion caused by the clearing of the rain forests for monocultural farming, groundwater contamination caused by fertilizers and pesticides: the consequences for the natural world and global climate are unpredictable, but at the same time increasingly perceptible.(1) Our consumer behavior too is partially responsible for climate change. The relationship becomes clearer when we examine an instance that is typical for Berlin: a currywurst. It consists of 50–60% pork and up to 30% pork fat, in all likelihood German in origin. For German feedlots produce 60 million hogs annually. After German Reunification, these enterprises maximized their market shares by acquiring the agricultural cooperatives (LPG) of the former GDR, with their orientation toward mass production. This is the case with the three largest slaughterhouses: Tönnies, Vion, and Westfleisch, which together process more than half of the total — each around 20,000 animals daily. German meat is a leading export because it is cheaper than products from other EU countries. This is a concern for, among others, temporary workers from Eastern Europe, who labor at processing centers for low wages and without legal protections. The prices are also a function of efficient fattening in large-scale stables using cheap concentrated feed. This consists for the most part of soy and corn, much of it grown in North or South America on enormous monocultural farms. These facilities use genetically altered seed to ensure that the plants are resistant to the heavy application of insecticides. Such procedures have recourse to genetic material drawn from foreign species; the resultant transgenic plants would never have existed anywhere in nature. Large international agrarian concerns offer these seeds together with broad-spectrum herbicides, and while farmers initially expect to profit from increased yield, they ultimately find themselves inescapably dependent upon the firm's products. Transgenic plants are banned in Germany, but are nonetheless imported in the form of animal feed. In Germany as well, monocultural agriculture and factory livestock farming damage water, soil, animals, and human beings. We are hearing demands — in par-

ter allerdings nicht. Monokultur und Massentierhaltung beeinträchtigen auch hier Wasser, Boden, Tiere und Menschen. Vor allem von Seiten der ökologischen Landwirtschaft bestehen Forderungen, die entsprechenden Unternehmen für alle Nebenwirkungen und Folgeschäden, die durch die subventionierte konventionelle Landwirtschaft verursacht werden, zur Kasse zu bitten. Dazu gehören die gestiegene Nitratbelastung des Grundwassers durch die übermäßige Ausbringung von Dünger aus den Mastbetrieben ebenso wie die Belastungen für das Gesundheitssystem durch Krankheiten, die durch dort entstandene antibiotikaresistente Keime verursacht werden.(2) Fielen die Subventionen aus und flössen die Folgekosten mit in die Produktpreise der großen Unternehmen, hätten auch kleine Betriebe eine reale Wettbewerbschance.

Es sieht allerdings so aus, als würden die ungleichen Bedingungen eher noch verschärft: Die wirtschaftlich mächtigsten Unternehmen des Agrarsektors investieren verstärkt in die Digitalisierung. Im Zusammenhang mit dem sogenannten Smart Farming(3) stehen Kooperationen mit führenden Onlinediensten wie Google bevor — ein Anzeichen dafür, dass zukünftig die Lebensgrundlagen Nahrung und Wasser von immer mehr Menschen in den Händen von immer weniger großen Firmen liegen werden.

Finden wir Wege heraus aus diesen komplex vernetzten, von ökonomischen Interessen angefeuerten Strukturen? Der *Weltagrarbericht* rät dringlich, kleinbäuerliche Strukturen zu erhalten und zu fördern.(4) Der in diesem Zusammenhang etablierte Begriff der Ernährungssouveränität wurde ins Feld geführt, um eine politische und ökonomische Selbstbestimmung nicht nur im Zugang zu, sondern vor allem auch bei der Herstellung von Lebensmitteln zu bezeichnen. Um diesen Status sowohl für Staaten als auch für den einzelnen Menschen zu erreichen, werden Konzepte für nachhaltige Bewirtschaftung mit kurzen Transportwegen benötigt. Aber wie können wir eine autarke oder zumindest regionale Versorgung bewerkstelligen?

Versorgung, Verschwendung, Verwertung: Ein essbares Berlin Wenn die Prognosen recht behalten, leben 2030 weltweit fünf Milliarden Menschen in Städten.(5) Die urbane Bevölkerung ist in die Erwirtschaftung und Herstellung von Lebensmitteln kaum mehr involviert. Gerade Großstädte bieten jedoch das Potential für das Entstehen von Gegenbewegungen. In Berlin schließen sich zunehmend Menschen zusammen, die Alternativen entwickeln. So versorgen zum Beispiel acht Höfe in Brandenburg und einer in Spandau nach dem Konzept der Solidarischen Landwirtschaft je eine Gemeinschaft, die die Kosten und Risiken des Betriebs abfängt und mehrmals im Jahr die Erzeuger*innen bei der Arbeit unterstützt. Die Möglichkeit zur Selbstversorgung bieten neben eventuell vorhandenen eigenen Gärten zu mietende Äcker, die von einigen Landwirt*innen im Umland eingesät und zur Verfügung gestellt werden.

Nahrungsmittel können, wie nicht nur Guerilla Gardening lehrt, auch direkt im Stadtraum produziert werden, auf Bra-

ticular from organic farmers — for the offending firms to pay for all of the adverse effects and environmental damage which result from subsidized conventional agriculture. Among these effects are increasing nitrate pollution in groundwater through the excessive application of fertilizers in the production of animal feed, as well as the overburdening of the healthcare system in the form of diseases caused by antibiotic-resistant bacteria.(2) If subsidies were canceled and the prices of products offered by the large enterprises reflected these secondary costs, small producers would finally have a real chance to compete.

Instead, it looks as though these unequal conditions are to be exacerbated: the most economically powerful enterprises in the agricultural sector are investing strongly in digitalization. Anticipated in connection with so-called Smart Farming(3) are forms of collaboration with leading online services such as Google — a portent that in the future, the basic food and water needs of increasing numbers of people will be in the hands of fewer and fewer large firms.

Can we find a way out of these intricately networked structures, propelled by economic interests? *The International Assessment of Agricultural Knowledge, Science and Technology for Development* (*IAASTD*) contains the urgent recommendation that small-scale farming be preserved and promoted.(4) Advocated in this context is the now-established concept of food sovereignty, which refers to political and economic self-determination — not just with regard to access to adequate nutrition, but in particular with regard to food production. But required if we are to attain this status for entire countries as well as for individuals, are concepts for sustainable food cultivation with short transport routes. But how can we achieve such an autarkic or at least regional food provision system?

Provision, Waste, Reutilization: An Edible Berlin If prognoses are proven accurate, five billion people worldwide will be living in cities in the year 2030.(5) And urban populations are for the most part uninvolved in the production and processing of foodstuffs. But large cities in particular have the potential to initiate countervailing tendencies. In Berlin, growing numbers of people are coming together to develop alternatives. For example, eight farms in Brandenburg and one in Spandau operate according to the principle of agricultural solidarity, providing food for an equal number of communities, which absorb the cost and risks, and contribute labor, assisting farmers several times in the course of the year. Alongside the maintenance of private gardens, where available, the possibilities for self-provisioning include leasable fields located in the surrounding countryside, which can be made available to and sown by a number of farmers.

As we have learned, and not just from guerilla gardening, food can be produced directly in urban space: on fallow land and on green strips, in parks and rear courtyards, on roofs and balconies, on façades and even directly in kitchens. Berlin likes to present itself as a green capital. In fact, 3,000 ha

chen und Grünstreifen, in Parks und Hinterhöfen, auf Dächern und Balkonen, an Fassaden und direkt in der Küche. Berlin präsentiert sich gerne als grüne Hauptstadt. Tatsächlich werden 3.000 Hektar allein von Kleingärten eingenommen — wesentlich mehr als in anderen Ballungszentren. Die erste Laubenkolonie wurde 1929 im Volkspark Rehberge bezogen. Mitte des 19. Jahrhunderts waren zuvor mittellosen Menschen die ersten Gärten zur Selbstversorgung zur Verfügung gestellt worden, etwas später entstanden Schrebergärten. Mit dem Ziel zur Aneignung des Stadtraums erobert Urban Gardening brachliegende Freiflächen. Projekte wie die Prinzessinnengärten in Kreuzberg, das Allmende-Kontor auf dem ehemaligen Flughafengelände Tempelhof, das Himmelbeet im Wedding, der Klunkerkranich auf einem Neuköllner Parkhausdach oder das Holzmarktgelände an der Spree schaffen kollektiv genutzte Anbauflächen mit einem sozialen, integrativen und nachbarschaftlichen Ansatz. Innerstädtisch aktive Imkereivereine kümmern sich um tausende Bienenstöcke. Vielversprechend für eine landwirtschaftliche Produktion auf engem Raum sind aber auch technisch versierte Entwicklungen, wie hydroponische Systeme, bei denen in Gewächshäusern — oder direkt im Supermarkt — Pflanzen in Nährlösung wachsen. Algen und Insekten können ebenfalls auf kleinen Flächen kultiviert werden. In nicht allzu langer Zeit wird in vitro aus einzelnen Muskelzellen gezüchtetes Fleisch marktfähig sein. Es geht bei diesen Entwicklungen nicht zuletzt um die Vermeidung von Überproduktion und Verschwendung, um Nachhaltigkeit und Kreislaufwirtschaft.

Das Berliner Kunstgewerbemuseum wird mit *Food Revolution 5.0* zur Experimentierfläche für eine ›essbare Stadt‹: Vor der Tür wachsen Obstbäume, auf der Terrasse sprießt Gemüse, hinter dem Eingang schwimmen Fische, gedeihen Kräuter und Salat. Unter den vier Schlagworten Farm, Markt, Küche und Tisch integriert die Ausstellung spekulative und konkrete Projekte vom 3D-Drucker für In-vitro-Fleisch und Insektenmus bis zu alltagstauglichem Geschirrdesign aus zukunftsträchtigen und kompostierbaren Materialien wie Pilzmyzel, Algen oder Lebensmittelabfällen. Es gilt, den Regeln des Markts, der Ausbeutung von Menschen, der Nötigung von Ressourcen und der Umweltbelastung etwas entgegenzusetzen. In den widerständigen Ideen steckt der Keim der Revolution.

are occupied here by small gardens alone — far more than in other population centers. The first colony for allotment gardens was set up in Volkspark Rehberge in 1929. Gardens were made available to impoverished people for self-provisioning for the first time in the mid-19th century — established somewhat later were the so-called Schreber Gardens. With the aim of appropriating the urban realm, urban gardening takes over disused open space. Projects such as the Prinzessinnengärten in Kreuzberg, the Allmende-Kontor on the terrain of the former Tempelhof Airport, the Himmelbeet in Wedding, the Klunkerkranich, set on the roof of a parking garage in the district of Neukölln, or the Holzmarkt area on the Spree River provide collectively utilized cultivated surfaces based on social, integrative, and neighborly approaches. Inner-city apicultural associations maintain thousands of beehives. Also promising with regard to agriculture production in constricted spaces are technologically sophisticated development such as hydroponic systems, which allow plants to grow in nutrient solutions in greenhouses — or directly in supermarkets. Algae and insects too can be cultivated in minimal amounts of space. Before too long, meat cultured in vitro from individual muscle cells will be arriving on the market as well. The intent of such developments is not least of all to avoid overproduction and waste, to support sustainability and a recycling economy.

With *Food Revolution 5.0*, the Berlin Kunstgewerbemuseum (Museum of Decorative Arts) becomes a field of experimentation for the sake of an ›edible city‹: fruit trees grow in front of the entrance; vegetables sprout up on the terrace; fish swim behind the entry area; herbs and salad greens flourish. Under the aegis of the four keywords Farm, Market, Kitchen, and Table, the exhibition integrates speculative and practical projects, ranging from 3D printers for in vitro meat and edible insect mush, all the way to tableware for daily use manufactured from sustainable and compostable materials such as fungi, algae, or food waste. It is a question of responding effectively to the challenges of market laws, human exploitation, resource shortages, and negative environmental impacts. And such determined ideas can indeed harbor the seeds of a revolution.

(1) Vgl. auch den Beitrag von Wilfried Bommert in diesem Katalog. / See also the article by Wilfried Bommert in this catalogue.

(2) In der Masttierhaltung werden jährlich hunderte Tonnen Antibiotika verabreicht, da meist alle Tiere eines Stalls prophylaktisch auf einmal behandelt werden, wenn ein Krankheitsfall auftritt. In den acht Monaten, die es lebt, bekommt ein Schwein drei- bis viermal ein Antibiotikum. Es werden unter anderem Reservemittel verwendet. In den Ställen entwickeln sich so resistente Keime, die nicht behandelt werden können, sodass eine Ansteckung tödlich endet. / Administered annually in the context of mass livestock production are hundreds of tons of antibiotics: in the event an illness appears, all of the animals in a stable are as a rule prophylactically treated. During its eight months of life, a hog receives antibiotics three or four times. Among those applied are medicines of last resort. Developing in the stables as a result are antibiotic-resistant bacteria which become untreatable, so that affliction results in death.

(3) Mit dem Begriff Smart Farming wird beispielsweise die Auswertung von Boden- und Wetterdaten für eine exakte Dosierung von Düngemitteln und Pestiziden bezeichnet, die sogar direkt an die jeweilige Maschine übermittelt werden kann; er umfasst ebenfalls den Einsatz von (lernfähigen) Feldrobotern und digitalen Steuerungssystemen. / The term Smart Farming refers, for example to the analysis of soil and weather data to arrive at precise dosage level for fertilizers and pesticides, information that can even be transmitted directly to the respective machines; the term also encompasses the deployment of (learning-capable) field robots and digital guidance systems.

(4) Der *Weltagrarbericht* (*IAASTD*) wurde von 2003 bis 2008 auf Initiative der Weltbank und der Vereinten Nationen von 400 unabhängigen Expert*innen aus den unterschiedlichsten Disziplinen erarbeitet und von 58 Staaten unterzeichnet. / *The International Assessment of Agricultural Knowledge, Science and Technology for Development* (*IAASTD*), published between 2003 and 2008, was prepared by a team of 400 independent experts from a range of disciplines on the initiative of the World Bank and United Nations, and was signed by 58 nations.

(5) UN/Department of Economic and Social Affairs, World Urbanization Prospects. The 2014 Revision, URL: https://esa.un.org/unpd/wup/Publications/Files/WUP2014-Report.pdf, S. 21, 9.3.2018 / p. 21, March 9, 2018.

verbrannte mandeln/

Wie der Klimawandel unsere Teller erreicht

How Climate Change Arrives at our Dining Tables

Institut für Welternährung e.V. Berlin, Sprecher des Vorstandes / World Food Institute e.V. Berlin, Spokesman of the Management

Wilfried Bommert

Rummel, Jahrmarkt und der Duft von gebrannten Mandeln gehören zusammen, doch das war einmal. In den Rührkesseln der Mandelröstereien brutzeln immer häufiger Erdnüsse. Die Mandeln haben sich rar gemacht, seit ihr Preis an den Märkten explodierte. Um 400% stieg er zwischen 2009 und 2015. Hinter dem Preis der Mandeln verbirgt sich eine nicht enden wollende Dürre in Kalifornien, dem größten Mandelanbaugebiet der Welt.

Die kalifornische Jahrhundertdürre steht für ein Phänomen, dass in den letzten Jahrzehnten immer weitere Teile der Welt heimgesucht hat: Extremwetter. Was bei den einen als Hitze und Dürre ankommt, erleben die anderen als Stürme und Starkregen, Fluten und Überschwemmungen, Verschiebung der Jahreszeiten, Kälteeinbrüche und Hitzewellen zur Unzeit. Was dahinter steht, ist die Weltklimamaschine, die

The hustle and bustle of a fun fair and the aroma of roasting almonds seem to belong together — at least they used to. Lately, it is often peanuts we hear sizzling in the almond roaster. Since prices exploded, rising circa 400% between 2009 and 2015, almonds have become something of a rarity. But behind the price of almonds is a seemingly never-ending drought in California, the largest almond growing region in the world.

The epic drought in California is emblematic of a phenomenon that has afflicted ever-growing portions of the planet beginning in the early 21st century, namely extreme weather. It may manifest itself in one place as heat and drought, and in others as storms and torrential rain, as floods and storms surges, as dislocations of seasonal weather, as out-of-season cold snaps or heat waves. The underlying problem is

durch die Treibhausgase immer stärker angeheizt wird und so immer stärker aus dem Takt kommt. Seit dem Beginn des 21. Jahrhunderts überschlagen sich die Hitzerekorde. Dem Rekordjahr 2014 folgte das Rekordjahr 2015, dem das Rekordjahr 2016. Das Jahr 2017 kommt auf dieser Skala der Extreme auf Platz zwei. Die steigenden Durchschnittstemperaturen des Planeten zeigen, dass die Energie im Klimasystem steigt und damit auch seine Abweichung von dem, was wir über Jahrhunderte gewöhnt waren — nicht nur wir, sondern auch die Pflanzen und Tiere, von und mit denen wir leben. Es gibt kaum eine Region der Welt, die davon noch nicht betroffen wäre, auch nicht die Großstädte der Welt, die besonders verletzlich sind.

Im Februar 2018 rationiert Kapstadt, die Metropole Südafrikas, ihren Bürger*innen das Wasser. Drei Jahre zuvor hatte São Paulo, die Megacity Brasiliens, den Wassernotstand ausgerufen. In beiden Fällen ist dies das Ergebnis lang anhaltender Dürren und steigender Temperaturen, unvorbereiteter Verwaltungen, korrupter Politiker, die den Klimawandel ignorieren und jede Vorsorge in den Wind schlagen, bis es ihre Stadt, ihr Land, ihre Bürger*innen trifft. Wo das Wasser ausbleibt, Hitzewellen übers Land ziehen, beginnt der Kreislauf zu stocken, bei Menschen ebenso wie bei unseren Nutzpflanzen. Die andere Seite des Klimawandels sind Sturzregen, Überflutungen und Sturmfluten. Über die Temperaturextreme und das Wasser erreicht der Klimawandel auch unsere Teller. Dort, wo die Früchte wachsen, die wir für einen festen und sicheren Teil unserer Komfortzone halten, schlägt er zu, so zum Beispiel in Nordamerika: In Kalifornien reiften einst über 80% der weltweiten Mandelproduktion heran; dort wird die Hälfte allen Obsts und Gemüses gezogen, das in den USA auf den Markt kommt. Anhaltende Dürre, ausgepumpte Wasserspeicher und damit fehlende Bewässerung haben den Mandeln wie dem Gemüse in Kalifornien den Boden entzogen. Was sich hier zeigt, sind Signale, Vorboten für das, was auf uns zukommt. Sie sind auf allen Kontinenten zu finden. Auch Europa muss erleben, dass Klimawandel nicht nur das Problem der anderen ist, obwohl es die anderen sind, die ihn zuerst und am schärfsten zu spüren bekommen. 2014/15 bekam zum Beispiel Brasilien, das Land mit den größten Ackerflächen, dem größten Kaffeeanbaugebieten, der bedeutendsten Sojaindustrie, und den weitesten Orangenplantagen der Welt, einen ersten Vorgeschmack auf das, was der Klimawandel bedeuten könnte. Hitzewellen von mehr als 45 Grad hatten die Kaffeeanbauer*innen getroffen. Eine Tagesreise von São Paulo entfernt, im Bundesstaat Minas Gerais, liegt das Zentrum des brasilianischen Kaffeeanbaus. Die Ernte fiel dort um 40% geringer aus als gewohnt. Der Grund: Die Kaffeepflanzen brauchen kalte Flüsse, sie sind nicht tolerant gegenüber steigenden Temperaturen. Die Sorte Arabica hat ihre Wohlfühltemperatur zwischen 15 und 25 Grad, und Brasilien ist das Land der Arabica.

Klimaexperten sagen den Kaffeeanbauer*innen nichts Gutes voraus. Sie kommen zu dem Schluss, dass Kaffee in Brasilien keine Zukunft hat. Bei steigenden Temperaturen wird

the disturbance of the global climate machinery, heated up by greenhouse gases and shifted out of kilter to an increasing degree. Since the beginning of the 21st century, records have been repeatedly broken. The record-breaking year of 2014 was followed by the record year of 2015, and in turn by the record year of 2016. The year 2017 reached second place in this scale of extremes. Rising planet-wide average temperatures indicate that energy is accumulating in the climate system as a whole, hence its deviation from the patterns familiar in recent centuries — familiar not just to humans, but also to the plants and animals from which and together with which we live. Virtually no region of the Earth remains unaffected — including the world's large cities, which are especially vulnerable.

In February 2018, the South African metropolis of Cape Town began rationing water use by citizens. Three years earlier, the Brazilian megacity of São Paulo declared a water emergency. In both instances, the result has been long-lasting droughts and rising temperatures, with unprepared administrations and corrupt politicians ignoring climate change and throwing all precautions to the winds until it begins to affect their city, their country, and their citizenry. Where water is absent, heat waves spread across the country, and circulatory systems begin to falter — and this applies to human beings as well as to our agricultural plants. That flip side of climate change, however, involves torrential downpours, flooding, and storm surges. Via temperature extremes and water problems, climate change also reaches our dining tables. This is the case wherever fruit — which all of us regard as a invariant, stable element of our comfort zone — is grown, for example in North America: cultivated formerly in California was more than 80% of the world's almond production, and one half of the total quantity of fruits and vegetables sold in the United States. Sustained drought, exhausted reservoirs, and the resulting lack of water for cultivated plants have deprived Californian almonds and vegetables of their existential basis. Such events are signals, harbingers of things to come. And they are occurring on all continents. Europeans too are learning that climate change is not a problem that only affects others — although other regions have indeed borne the brunt of its impact thus far. In 2014–15, for example, Brazil — the country with the largest agricultural acreage, the largest coffee-growing regions, most important soy industry, and the most extensive orange plantations in the world — received a foretaste of what climate change is likely to mean. Heat waves with temperatures of more than 45°C affected coffee growers. Located just a single day's journey from São Paulo, in the Federal State of Minas Gerais, is the center of Brazil's coffee farming industry. Harvests were 40% lower than expected. The reason: coffee plants require cold water, and are intolerant of rising temperatures. The ideal temperature range for the Arabica variety is between 15 and 25°C — and Brazil is the land of Arabica.

For coffee farmers, the forecasts of climate experts are troubling. They have concluded that coffee has no future in Bra-

es in 80% der Anbaugebiete zu heiß für Arabica und ein Ausweichen auf kühlere Regionen verspricht wenig Hoffnung. Neue Sorten, die mit dem Klima mithalten könnten, sind nicht in Sicht; und würden sie morgen kommen, wären die meisten Bäuer*innen nicht mehr in der Lage, den Austausch zu bezahlen. Junge Kaffeesträucher brauchen zehn Jahre, um eine gute Ernte zu erzeugen. Bis dahin werden die meisten der 300.000 Kleinbauernfamilien, die das Rückgrat der Kaffeeproduktion in Brasilien bilden, ihre Existenz verloren haben — Klimaopfer. Der Niedergang der Kaffeebäuer*innen in Brasilien wird an unseren Kaffeetassen nicht spurlos vorübergehen. Wir werden den Preis zu zahlen haben und der könnte sehr hoch sein, für Spezialsorten werden heute schon 28 US-Dollar pro Kilo verlangt.

Ähnliches steht den Liebhaber*innen von Schokolade ins Haus. Der Kakao für die meisten Tafeln in Deutschland kommt aus Westafrika. Ghana und die Elfenbeinküste sind die Kakaobank der Industrieländer. Kleinbäuer*innen ernten dort die Kakaobohnen in glühender Hitze. Die Temperaturen übersteigen mittlerweile immer mehr die Leidensfähigkeit der Kakaobäume. Zwischen 21 und 32 Grad liegt ihre Wohlfühltemperatur, auch 36 Grad können sie noch abfedern, aber jenseits davon droht der Hitzschlag, weil ihr Kreislauf nicht mehr genügend ›Kühlwasser‹ durch die Saftbahnen pumpen kann. Gibt es Alternativen? Bisher hat sich niemand um Züchtungen für heißere Klimaten gekümmert, die großen Schokoladenkonzerne versuchen die Bäuer*innen zum Austausch ihrer Bäume zu animieren, doch viele haben die Hoffnung auf eine bessere Zukunft verloren. Bisher haben sie vom Schokoladenboom im Norden sowieso nicht profitiert, die Händler*innen und Kakaokonzerne strichen den Profit ein. Nun sind sie zu arm, um sich anzupassen.

Auch wer genügend Kapital besitzt, wird nicht ungeschoren vom Klimawandel davonkommen. Die Sojabarone in den Weiten des Cerrado, den Savannen Zentralbrasiliens, haben 2015 den ersten Warnschuss erhalten. Im Nordosten des Landes stiegen die Temperaturen während der Sojablüte zur Unzeit, nämlich gerade dann, wenn die Pflanzen besonders verletzlich sind. Die Folge war eine Missernte. Brasilien ist mittlerweile der größte Produzent für Soja und damit für Schweinefutter weltweit. Kaum ein Kotelett in Deutschland, das nicht durch brasilianisches Soja in Form gebracht wurde. Doch nun wird es zu heiß in den endlosen Plantagen des Cerrado, zu trocken zur falschen Zeit. Die Missernten 2015 im Osten des Landes zeigen an, dass sich das Klima verändert. Diese Veränderungen könnten bald auch die Mastfabriken Europas zu spüren bekommen und dann wäre es mit dem Billigfleisch in unseren Fleischtheken und auch auf unseren Wurst- und Schinkenplatten zu Ende.

Nicht besser sieht es für die Orangenplantagen Brasiliens aus. Die Großplantagen mit ihrer Massenproduktion haben es vor allem auf den Markt in Europa abgesehen. Noch schwärmen sie vom großen Wachstum. Doch ihre Rechnung könnte durch eine kleine Fliege zunichtegemacht werden, die sich unter den neuen Klimaten bestens vermehrt. Sie trägt ein Bakterium in sich, das die Kraft besitzt, Orangenbäume zu

zil. Rising temperatures will mean that 80% of the coffee growing region will be too warm for Arabica — and a shift of the industry to cooler regions holds little promise. There are few prospects for new varieties that would be capable of keeping pace with climate change — and even if they arrived tomorrow, most farmers would not be a position to finance the transition. Young coffee bushes require 10 years of growth before they produce a decent crop. By then, most of the 300,000 small farming families that constitute the backbone of coffee production in Brazil will already have been deprived of their existence — victims of climate change. Nor will the decline of coffee growing in Brazil spare our coffee cups here in Europe. We will have to pay the price, which may be extremely high, since special varieties already claim prices of 28 US dollars per kilo.

Chocolate-lovers face a similar situation. Cocoa for most German chocolate production comes from West Africa. Ghana and Ivory Coast are the chocolate treasuries of the industrialized nations. There, small farmers harvest cocoa beans in the blazing heat. Increasingly, however, temperatures have surpassed the endurance of the cocoa trees. The ideal temperature range for these plants lies between 21 and 32°C, and they can tolerate temperatures of up to 36°C — but beyond that point, they are threatened by sunstroke, because they can no longer pump sufficient ›cool water‹ through their vascular systems. Is there an alternative? To date, there have been no attempts to breed plants for hotter climates, and while the chocolate concerns are attempting to induce farmers to replace their trees, many have already lost hope for a better future. Up to this point, they have not profited from the chocolate boom in the North anyway, since dealers and cocoa concerns have pocketed all of the profits. Now they are too impoverished to carry out the necessary adaptations.

But even those with access to sufficient capital are not left unscathed by the effects of climate change. In 2015, the soy barons in the vast stretches of the Brazilian Cerrado, the savannas of central Brazil, registered the first warning signals. In the northeastern part of the country, temperatures rose out of season when the soy plants were flowering — precisely when they are at their most vulnerable. The consequence was crop failure. Brazil has meanwhile become the largest producer of soy — and hence of pig feed —worldwide. Virtually every pork chop in Germany owes something to soy produced in Brazil. But it has now become too hot in the endless plantations of the Cerrado, and too dry at the wrong time of year. The crop failure of 2015 in the eastern part of the country points clearly toward climate change. And before long, its effects will be felt in the mast factories of Europe — then, we can say goodbye to inexpensive products at the meat counter, as well as to our sausage and ham platters.

Things don't look much better for Brazil's orange plantations. Large-scale cultivation, with its mass production, is tailored to the European market in particular. Proprietors are still delighted with currently impressive growth rates. But their hopes may be dashed by a small fly for which the

erdrosseln. Die Bakterien blockieren den Kreislauf der Bäume und lassen sie so langsam verdursten. Der Kampf gegen die Orangenfliege ist im vollen Gange, doch er scheint aussichtslos, denn sie versteht es, sich brillant zu verstecken und zu tarnen.

Ähnliches erleben zurzeit einige tausend Kilometer östlich, jenseits des Atlantiks, die Olivenbäuer*innen in Europa. Im Süden Italiens ist ebenfalls eine bisher unbekannte Fliege am Werk, die ein Bakterium mit ähnlicher Wirkung verteilt. Es verstopft die Saftleitungen der Olivenbäume. Auch wenn diese schon mehr als tausend Jahre die Landschaft in Apulien prägen, die Bakterien zwingen auch die ältesten Giganten der Olivenhaine in die Knie. Die Europäische Union verordnet den Bäuer*innen eine harte Medizin. Sie sollen mit Äxten und Motorsägen alles abholzen, was Anzeichen von Befall zeigt. Doch auch in diesem Kampf scheint die Fliege die Stärkere zu sein. Seit 2014 dezimiert eine andere Plage in Mittelitalien die Olivenernte. Die Olivenfliege legt ihre Eier direkt in die Früchte und verdirbt sie so für die Bäuer*innen und die Ölmühlen. In den Traumlandschaften der Toskana, in Umbrien und den Marken könnte der Olivenanbau bald der Vergangenheit angehören, weil er vor allem den Kleinbauernfamilien kein Einkommen mehr sichert.

Auch die Weinbäuer*innen in Europa quälen sich mit einer Fliege herum, die sie bisher noch nicht kannten. Wieder ist es der Klimawandel, der ihr ideale Vermehrungsbedingungen schafft. Es ist die Kirschessigfliege, so genannt wird sie, weil sie zunächst Kirschen in Essig verwandelte. Doch seit 2014 macht sie auch vor den Rebstöcken nicht mehr Halt. Im Herbst fällt sie in Massen in die Rotweinhänge von der Toskana über Südtirol, die Schweiz und nun bis nach Baden und Württemberg ein. Zur Reifezeit sticht sie vor allem die roten Trauben an und öffnet damit das Tor für Essigbakterien, die von Natur aus überall im Weinberg lauern. Essig statt Wein: wenn dies mehrfach hintereinander passiert, bleibt auch den Winzer*innen keine Überlebenschance und den Rotweintrinker*innen nur die Alternativen aus Übersee, wo die Fliege noch nicht angekommen ist.

Ähnliches droht den Bäuer*innen, die in Almeria die größte Gemüselandschaft der Welt errichtet haben, alles unter Folien, alles mit künstlichem Regen versorgt. Die Spanier*-innen nennen es *il mare plastico* und sie erfahren immer deutlicher, dass diese Kunstlandschaft nur auf Zeit existieren kann. Auch wenn Nordeuropa aus diesem Plastikmeer über zwölf Monate im Jahr Tomaten, Salat und Paprika bezieht, im Klimawandel hat es keine Chance. Wenn der Sahara der Sprung über das Mittelmeer gelingt — und daran besteht kein Zweifel —, wird ihr Wüstenklima dem Plastikmeer seine Grundlage entziehen: das Wasser. In Nordeuropa könnten die Niederlande das Marktpotential übernehmen, aber auch für sie hat der Klimawandel keine gute Prognose. Das steigende Meer könnte dem Land unterhalb des Meeresspiegels die Zukunft rauben.

Ähnliches droht den Bauernfamilien im Niltal in Ägypten, wo die Frühkartoffeln Europas wachsen. Auch hier ist das Meer auf dem Vormarsch und der Strom des Nils verliert

new climatic conditions supply the ideal preconditions for propagation. This fly carries a bacterium with the power to strangulate orange trees. The organism blocks circulation within the tree, which eventually dies of thirst. The battle against the Orange fly is in full swing, but has few prospects of success, for this insect is a virtuoso when it comes to disguising itself and hiding.

Meanwhile, several thousand kilometers to the east, across the Atlantic, olive tree farmers are experiencing something similar. In southern Italy, a small, hitherto unknown fly is also busy, and its impact is similar. It clogs the conduction of fluid within the olive trees. Although these trees have characterized the Apulian landscape for thousands of years, this bacterium is able to bring even the oldest giants of the olive grove to its knees. The European Union has prescribed strong medicine for the farmers: they are enjoined to use axes and electric saws to remove everything that shows signs of infestation. But in this battle, the fly seems to be the stronger antagonist. And beginning in 2014, another plague has decimated all of harvests in central Italy. The Olive fruit fly lays its eggs directly in the fruit, spoiling them for the farmers and the oil mills. In the dreamy landscape of Tuscany, in Umbria, and in the Marches, olive tree cultivation may soon be a thing of the past, particularly because it no longer guarantees small family farmers a regular income.

In Europe, viniculturists too are agonizing over a species of fly — also previously unknown in the region. Once again, it is climate change that furnishes it with ideal conditions for proliferating. The Cherry vinegar fly is known for its ability to convert cherries and other fruits into vinegar. Since 2014, this creature has been molesting vineyards. In autumn of that year, enormous swarms invaded the red-grape-bearing slopes of Tuscany, southern Tyrol, Switzerland, and more recently Baden and Württemberg as well. Around ripening time, they tap into the red grapes in particular, opening the door to vinegar bacteria, which are lurking everywhere in the vineyard naturally. Vinegar instead of wine: if this occurs on a regular basis, the vintners will no longer stand a chance, and red wine drinkers will have no alternative but to purchase imports from overseas, where the flies have not yet taken root.

A similar threat confronts farmers in Almeria, who have established the most extensive vegetable landscape in the world, everything under transparent plastic sheeting, and everything maintained with artificial rain. The Spanish refer to it as *il mare plastico*, and are increasingly aware of the fact that this artificial landscape is living on borrowed time. Even if northern Europe is able to harvest tomatoes, salad greens, and bell peppers from this ocean of plastic twelve months of the year, it doesn't stand a chance against climate change. Once the Sahara leaps across the Mediterranean, and there is little doubt that this will occur, the desert climate will deprive sea of plastic of its existential basis, namely water. In northern Europe, the Netherlands could conceivably take over this potential market, but the Low Countries too fare badly in climate change prognoses.

an Kraft, weil die Staaten in seinem Quellbereich auch Anspruch auf das Nilwasser erheben. So schrumpfen Wasser und Boden, und damit die Voraussetzungen für den florierenden Frühkartoffelexport nach Europa.
Wir wissen, auch die Weltmeere bleiben vom Klimawandel nicht verschont. Die Erwärmung der Atmosphäre heizt die Ozeane auf. Die steigende CO_2-Konzentration versauert das Wasser. Beides wirkt sich negativ auf das Leben im Meer aus. Mit dem Verschwinden der kleinen Algen brechen die großen Nahrungsketten auseinander. Besonders betroffen sind die Tiere mit Kalkpanzer, die Schalentiere, allen voran Austern und Miesmuscheln. Immer mehr Fischarten flüchten in den noch kühlen Norden, und versuchen so den steigenden Temperaturen zu entkommen. Verschwinden die Früchte der Meere damit von unserer Speisekarte? Kann ihr Verlust durch die Zuchtbecken der Aquafarmen ausgeglichen werden?
Der Klimawandel gefährdet unsere Komfortzone. Die Pflanzen, die unseren Genuss stützen, sind Hochleistungszüchtungen und nur für einen sehr engen Temperatur- und Wasserbereich ausgerüstet. Hitze von über 28 Grad führt bei Getreide schon zum Ertragsausfall, bei Kaffee zu Missernten. Hinzu kommt ihr massenhafter Anbau in Monokulturen, die sie leicht zum Opfer des Klimawandels machen. Insekten, Bakterien, Viren und Pilze finden dort paradiesische Verhältnisse, weil sie meist keine natürlichen Feinde haben, immer aber unvorbereitete Bauern antreffen, sowohl im globalen Süden als auch in Europa.
Das Verschwinden der gebrannten Mandeln aus den Rührtöpfen der Zuckerbäcker*innen bei uns ist ein Signal. Es zeigt nicht nur, dass der Klimawandel unsere Teller bereits erreicht hat, sondern dass er eine reale Gefahr für die Ernährung der Welt ist. Er kündigt an, was dem System der Welternährung noch bevorsteht, wenn wir es nicht grundlegend ändern. Die Zukunft liegt nicht in noch mehr Computern, Chemie und Hochleistungspflanzen, sie liegt in einem resilienten Ernährungssystem, das dem Klimawandel mit Vielfalt begegnet.

Literaturhinweis / Bibliographical reference: Bommert, Wilfried/ Marianne Landzettel, Verbrannte Mandeln. Wie der Klimawandel unsere Teller erreicht, München / Munich: dtv, 2017.

A rising ocean could rob the land that lies below sea level of its future.
Farming families in the Nile Valley in Egypt, where Europe's new potatoes grow, face a similar menace. Sea levels are rising here as well, and the Nile is losing its strength because the cities in its source area rely upon river water. Both water and land are shrinking here, and with them the preconditions for the flourishing new potato export to Europe.
Nor, as we know, is climate change sparing the oceans. The warming atmosphere heats up the oceans as well. Rising CO_2 concentrations acidify water. Both of these factors are negative in relation to marine life in general. With the disappearance of the small algae, the food chain as a whole breaks apart. Affected in particular are sea creatures with calcareous shells, the crustaceans, in particular oysters and mussels. Growing numbers of fish species are fleeing toward colder northern climates in an attempt to escape rising temperatures. Will the fruits of the sea soon disappear from our menus? Can this loss be compensated for via the breeding tanks of aquafarming?
Climate change threatens our comfort zones. The plants that underpin our consumption are high-performance varieties that are adapted to extremely narrow ranges of temperature and moisture. With grain crops, temperatures above 28°C mean yield losses; with coffee, crop failure. An additional factor is large-scale monoculture farming, which is highly vulnerable to the effects of climate change. For insects, bacteria, viruses, and fungi, such environments are kind of paradise because their natural enemies are absent there, but they always find unprepared farmers — in the globalized south as well as in Europe.
The disappearance of roasting almonds from the mixing bowls of confectioners is a warning sign. It not only demonstrates that climate change has already reached our dining tables, but that it represents a genuine danger to our ability to feed the world. It also presages what lies in store for our food system if we fail to reform it in fundamental ways. The future depends not just on computers, chemistry, and high-performance plant varieties, but also on a resilient food system that responds to climate change with diversification.

»in deutschland gibt es nicht genug agrarfläche, um die nahrungsmittel für alle einwohner zu produzieren. wir ›leihen‹ uns boden im ausland.«

»Germany does not have enough agricultural lands to produce for all of its inhabitants. We are in effect ›borrowing‹ growing soil abroad.«

Ilaria Cesari, Anne Schmidt

vom acker bis zum teller — für eine gesunde und nachhaltige Ernährung

from farm to fork: Promoting a healthy and sustainable diet

Julia Klöckner

Bundesministerin für Ernährung und Landwirtschaft / Federal Minister of Food and Agriculture

Unsere Lebensmittel sind Mittel zum Leben. Sie beschäftigen uns ständig — und es gibt kaum ein Thema, zu dem es so unterschiedliche Ansichten gibt wie zu der Frage, was gute Lebensmittel ausmacht. Gut — das ist für den einen eine regionale Herkunft, für den anderen ist es der leckere Geschmack, für den nächsten ein lohnendes Preis-Leistungs-Verhältnis. Und wahrscheinlich ist es eine Kombination aus alledem. Noch vor sechzig Jahren war es zum Beispiel auch bei uns noch nicht selbstverständlich, dass jeder aus-

Food is an essential of life. It is a constant concern of ours — and there is hardly any issue on which opinions are as greatly divided as on the issue of what constitutes good food. For some people ›good‹ means being of regional origin, for others it means having a delicious taste and for other people it means that the food is good value for money. And it is

reichend zu essen hatte. Heute stehen wir vor neuen Herausforderungen und vor einer ganzen Reihe von Chancen.
Die Versorgung der Bevölkerung mit Lebensmitteln ist vorrangige und wichtigste Aufgabe unserer Landwirtschaft. So sehen es auch die Bürger*innen in der Europäischen Union: In einer aktuellen Umfrage (Special Eurobarometer 473, Dezember 2017) nannten 55% der Befragten die Bereitstellung von sicheren, gesunden und qualitativ hochwertigen Lebensmitteln als wichtigste Aufgabe der Landwirtschaft. Noch klarer bringen die Bürger*innen ihre Erwartungen an die Politik zum Ausdruck: 62% der Befragten sehen die wichtigste Aufgabe der Agrarpolitik darin, für sichere, gesunde und hochwertige Lebensmittel zu sorgen. Gerade deshalb ist es wichtig, immer wieder die Frage zu stellen, wie wir dieses Ziel erreichen. Dabei spielt eine ganze Reihe von Punkten eine Rolle.
Zum einen haben mehr Effizienz und höhere Standards in der Lebensmittelsicherheit dazu geführt, dass nicht mehr Mangel und Verunreinigungen die größten gesundheitlichen Risikofaktoren der Ernährung in Europa sind. Und obwohl wir besser als je zuvor wissen, was eine gesunde, ausgewogene Ernährung ausmacht, ist heute Fehlernährung der größte Risikofaktor. Adipositas, aber auch ein zu geringer Gehalt an Ballaststoffen und Spurenelementen sowie an wichtigen Nährstoffen gehören zu den entscheidenden Risikofaktoren für Herz-Kreislauf-Erkrankungen, Krebs und Typ-2 Diabetes. Zum anderen stellen der rasante technologische Fortschritt und sich ändernde Verbrauchererwartungen unsere Landwirtschaft vor neue Anforderungen: Neue Züchtungstechnologien, Digitalisierung, Drohnen und Robotik sind auf dem Wege, die landwirtschaftliche Erzeugung grundlegend zu verändern. Dieser Wandel birgt große Chancen, kann die Verbraucher*innen jedoch auch verunsichern. Grundlegendes Wissen darüber, wie Lebensmittel erzeugt werden, ist oftmals nicht mehr vorhanden.
Unsere Gesellschaft stellt das vor eine neue Aufgabe: Bäuer*innen auf der einen Seite und Verbraucher*innen, auf der anderen Seite müssen neue Wege finden, um miteinander in den Dialog zu treten. Diesen Prozess kann und diesen Prozess muss Politik begleiten — von der landwirtschaftlichen Erzeugung über die Lebensmittelwirtschaft bis hin zu den Verbraucher*innen.
Auf die grundlegenden Ziele können wir uns dabei schnell verständigen. Das sind
— die Vielfalt zu erhalten und auszubauen, um das Angebot an frischen, regionalen, und hochwertigen Lebensmitteln weiter zu verbessern,
— die Nachfrage nach hochwertigen Lebensmitteln durch Ernährungsbildung und -information zu stärken
— und Ernährungsbelange in der Agrarpolitik gerade hinsichtlich neuer Erwartungen stärker in den Blick zu nehmen.

Aber viele Verbraucherwünsche gehen weiter. Die Verfügbarkeit von allem führt zum Beispiel zu einer neuen Suche nach Individualität im Essen. Fotos von Selbstgemachtem sind für viele ein zentrales Thema bei Facebook oder Insta-

probably a combination of all of this. As recently as sixty years ago, adequate food for everybody was not a matter of course in Germany. Today we are faced with new challenges — and with a whole range of opportunities.
Supplying the population with food is the agricultural sector's primary and most important task. This is a view shared by citizens throughout the European Union: in a recent survey (Special Eurobarometer 473, December 2017), 55% of respondents cited the provision of safe, healthy and high-quality food as the most important task of agriculture. Citizens express their expectations of policy-makers even more clearly: 62% of respondents believe that the most important task of agricultural policy is to provide safe, healthy and high-quality food. This is why it is all the more important to keep asking how we can achieve this goal. A whole series of points play a role in this.
On the one hand, greater efficiency and higher standards in food safety have led to inadequate food supplies and food contamination no longer being the greatest nutritional health risk factors in Europe. And although we know better than ever what a healthy and balanced diet means, unhealthy eating is today the greatest risk factor. Obesity and also a diet that is too low in fibre, trace elements and important nutrients comprise some of the key risk factors for cardiovascular disease, cancer and type 2 diabetes. On the other hand, the rapid technological progress and changes in consumer expectations pose new challenges for our agricultural sector: new breeding technologies, digital transformation, drones and robotics are well on their way to fundamentally changing agricultural production. This change provides great opportunities, yet it can also shake consumer confidence. People often lack basic knowledge of how food is produced.
Therefore our society is facing a new challenge: farmers on the one hand and consumers on the other need to find new ways to enter into a dialogue. Policy makers can and must closely monitor and support this process — from agricultural producers and the food industry to consumers.
We can quickly agree on fundamental goals. They include:
— maintaining and expanding diversity in order to continue to improve the supply of fresh, regional and high-quality food;
— strengthening demand for high quality foods by providing nutritional education and information; and
— making agricultural policies place a greater focus on food and nutrition, particularly in view of new expectations.

Many consumer requests do not, however, stop there. The fact that everything is available has led to a new search for individuality in eating. Photos of homemade food are a central theme on Facebook or Instagram for many people. Individualized packaging or special recipes for muesli or chocolate, apparently tailored to the individual customer, promise uniqueness. Customers, however, are not just interested in individuality; they are also giving greater consideration to sustainability, animal welfare and health aspects. A diverse range of products available is only just developing for

gram. Individualisierte Verpackungen oder spezielle, scheinbar auf einzelne Kund*innen zugeschnittene Rezepturen bei Müsli oder Schokolade versprechen Einzigartigkeit. Doch es geht den Kund*innen nicht nur um Individualität, sie orientieren sich auch stärker an Nachhaltigkeits-, Tierwohl- und Gesundheitsaspekten. Für viele Menschen mit gesundheitlich besonderen Bedürfnissen entwickelt sich erst ein vielfältiges Angebot. Individualisierte Gemüse-, Kartoffel- oder Getreidesorten, zum Beispiel für Allergiker, Menschen mit Unverträglichkeiten oder mit besonderen Wünschen an die Nährstoffzusammensetzung, sind heute keine Science-Fiction mehr, sondern finden schon jetzt den Weg in die Läden. Gleichzeitig wächst der Wunsch, Altes neu zu entdecken. Rezepte aus Großmutters Zeiten stehen hoch im Kurs, alte, fast vergessene Obst- oder Gemüsesorten bereichern auf einmal wieder das Angebot.
Gerade für kleinere spezialisierte Betriebe bietet die neue Vielfalt an Verbraucherwünschen Chancen. Direktvermarktung, kurze Wege zwischen Bäuer*innen und Kund*innen, solidarische Landwirtschaft oder Urban Gardening — das sind nur einige der vielen kreativen Wege, um die Menschen für frische und gesunde Produkte zu begeistern. Das alles trägt dazu bei, dass Verbraucher*innen ihre Auswahl noch bewusster und noch besser informiert treffen können. Denn die Konsument*innen möchten nicht nur die Pflichtangaben wie das Zutatenverzeichnis oder die Mengenangabe auf einer Verpackung lesen. Sie möchten auch wissen: Woher kommt das Lebensmittel genau, und wie ist es produziert worden? Hofläden erfreuen sich zunehmender Beliebtheit, weil Verbraucher*innen hier direkt erleben, woher ihre Lebensmittel stammen. Und weil sie wissen: Diese Lebensmittel sind nicht lange transportiert worden. Der Weg von Acker und Stall bis zum Teller ist dort kurz. Die Kund*innen haben es in der Hand, mit ihrem Einkauf Einfluss zu nehmen.
Nehmen wir das Beispiel Fleisch: Der Ernährungsreport, eine Umfrage, die das Bundesministerium für Ernährung und Landwirtschaft jedes Jahr veröffentlicht, hat 2018 gezeigt: 90% der Verbraucher*innen wären eher oder auf jeden Fall bereit, mehr Geld für Fleisch mit einem staatlichen Tierwohl-Label auszugeben. Das sind 90% für das Wohl der Tiere, für eine gerechte Vermarktung, in der das Geld bei den landwirtschaftlichen Tierhaltern ankommt.
Je mehr Informationen zur Verfügung stehen, desto wichtiger wird auf der anderen Seite die Fähigkeit, sie richtig einzuordnen. Ernährungsbildung, für Erwachsene ebenso wie für Kinder und Jugendliche, spielt deshalb eine immer wichtigere Rolle. Wer von klein auf gesundes Genießen als etwas Selbstverständliches erlebt, hat beste Voraussetzungen für einen gesunden Lebensstil und informierte Verbraucherentscheidungen.
Und die Verbraucher*innen müssen wissen, wo sie unabhängige und auf klaren Erkenntnissen basierte Informationen bekommen. Hier sind in den vergangenen Jahren zwei wichtige neue Institutionen entstanden: *Das Bundesinformationszentrum Landwirtschaft* als Informationsdienstleister für Landwirtschaft, Forstwirtschaft, Fischerei und Gartenbau

many people with special health needs. Customised varieties of vegetables, potatoes or cereals, for example for allergy sufferers, people with intolerances or people who have special wishes regarding the composition of nutrients are no longer science fiction, but can already be found on the shelves. At the same time there is a growing wish to rediscover old traditions. Recipes from grandmother's time are very popular and old, almost forgotten fruit or vegetable varieties are suddenly boosting the range of food on offer once again.
This new range of consumer wishes offers opportunities, especially for smaller specialised businesses. Direct marketing, short distances between farmers and customers, community-supported agriculture and urban gardening — these are just some of the many creative ways to inspire people to eat fresh and healthy products. All of this helps consumers to be able to make better-informed decisions, because consumers do not just want to read mandatory information on packaging such as the list of ingredients or the quantities. They also want to know where exactly the food is from and how it has been produced. Farm shops are becoming increasingly popular because consumers know directly where their food comes from. And because they know: these food has not been transported for long periods. At farms, the path from farm to fork is short. By making well-informed purchasing choices, customers have the power to have an impact.
Take meat as an example: In 2018, the Nutrition Report, a survey conducted by the Federal Ministry of Food and Agriculture every year, showed that 90% of consumers would either definitely be willing, or would at least consider, spending more money on meat that bore a state animal welfare label. This means 90% are in favour of animal welfare and are in favour of having fair marketing where the money made reaches the livestock farmers.
The more information that is available, the more important it becomes to be able to classify it correctly. This is why nutritional information for both adults and children is becoming ever more important. And those who enjoy a healthy diet as a matter of course from an early age have the best prerequisites for following a healthy lifestyle in later life and for making informed consumer choices.
Consumers need to know where they can find independent information based on clear findings. In this context, two important new institutions have emerged in recent years: the *Federal Information Centre for Agriculture*, as an information service provider for agriculture, forestry, fisheries and horticulture, and the *Federal Centre for Food and Nutrition*, as a central point of contact for all those who are looking for practical tips and recommendations.
There is also another major challenge that we are facing, namely the eleven million tonnes of good food that is discarded by industry, large-scale consumers and private households in Germany each year. In its Agenda for Sustainable Development, the United Nations has set a clear target: halve global food waste at retail and consumer level by 2030 and

und das *Bundeszentrum für Ernährung* als zentrale Ansprechpartner für alle, die auf der Suche nach alltagstauglichen Tipps und Empfehlungen sind.
Angesichts von elf Millionen Tonnen guten Lebensmitteln, die Industrie, Großverbraucher und Privathaushalte in Deutschland jedes Jahr entsorgen, stehen wir vor einer weiteren großen Herausforderung. Die Vereinten Nationen haben hier in der Agenda für nachhaltige Entwicklung ein klares Ziel gesetzt, nämlich die Halbierung der Lebensmittelabfälle und -verluste auf Einzelhandels- und Verbraucherebene bis 2030 sowie die Verringerung der Lebensmittelverluste einschließlich Nachernteverluste entlang der Produktions- und Lieferkette. Hier kann jede*r einen Beitrag leisten.
Für Landwirt*innen und Unternehmen heißt das: Sie müssen in Innovationen investieren, um Ressourcen zu schonen und Rohstoffe nicht zu verschwenden. Junge und kreative Unternehmen, die dabei Initiative ergreifen, müssen unterstützt werden. Ihre Ideen für mehr Nachhaltigkeit in der Ernährung sind wichtig.
Wir stehen also vor einer enormen Vielfalt an Herausforderungen und Gestaltungsmöglichkeiten. Denn jede*r kann mit seiner Kaufentscheidung Einfluss nehmen. Und egal, ob wir die Herausforderungen oder die Chance in den Mittelpunkt stellen — die Frage danach, was wir in Zukunft essen wollen, wo unsere Mittel zum Leben herkommen und wie sie hergestellt werden, diese Frage müssen wir mit Landwirtschaft, Lebensmittelindustrie und Verbraucher*innen gemeinsam beantworten.

reduce food losses including post-harvest losses along the production and supply chains. Each and every one of us can make a contribution to this.
For farmers and businesses this means that they need to invest in innovation to save resources and not waste raw materials. Young and creative businesses that are taking the initiative need to be supported. Their ideas for more sustainability in food and nutrition are important.
So there is an enormous number of different challenges and opportunities ahead of us, ahead of each and every one of us. Because everybody can have an impact via their decisions on what to buy. And regardless of whether we focus on challenges or opportunities we need to work together — farmers, the food industry and consumers — to decide what we want to eat in the future, where we want our food to come from and how we want it to be produced.

ausstellungs-gestaltung/ exhibition design

Kooperative für Darstellungspolitik, Berlin

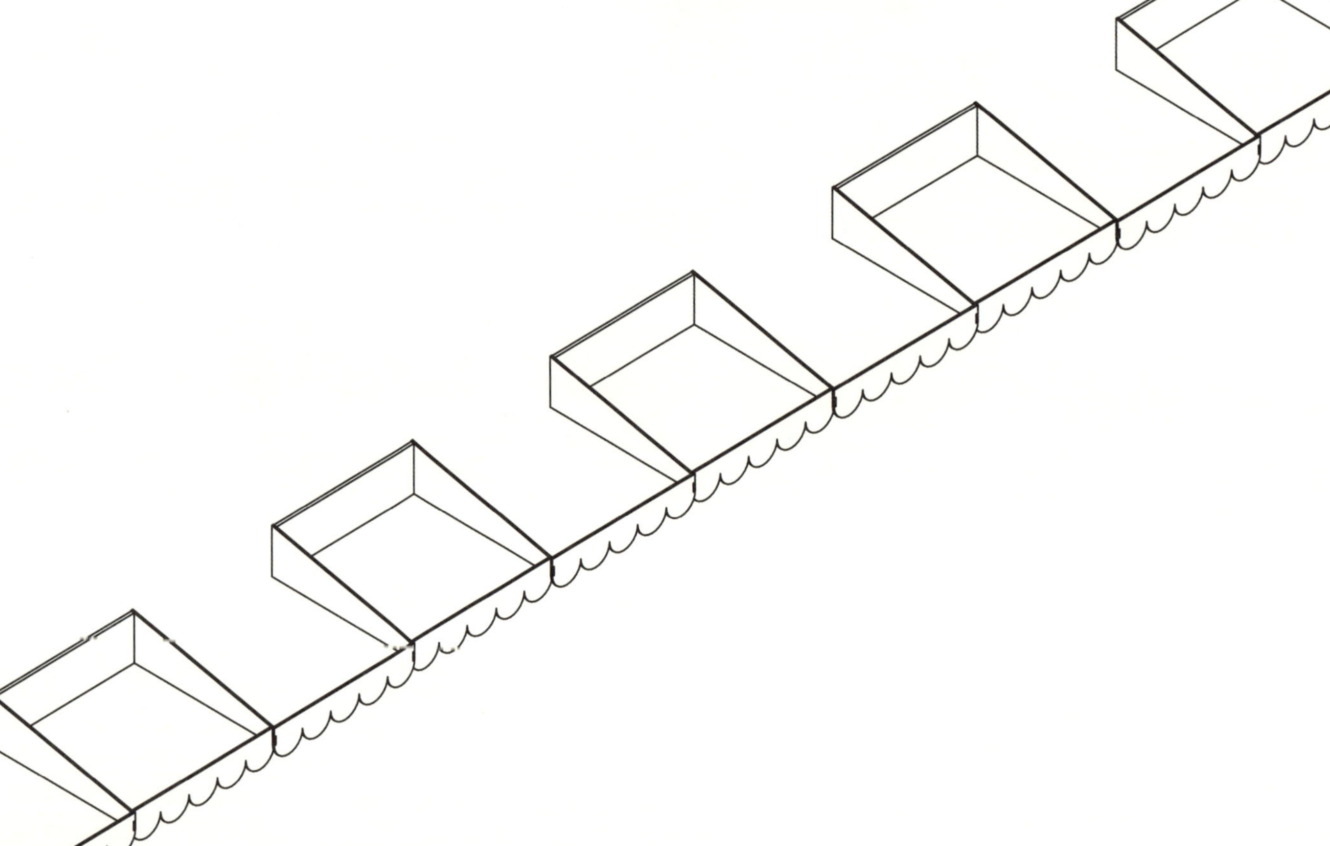

Von den öffentlichen Terrassen durch die Foyers und Treppenhäuser des Kunstgewerbemuseums Berlin bis in den letzten Winkel der Designsammlung im zweiten Untergeschoss erstreckt sich *Food Revolution 5.0*. Die unterschiedlichen Exponate und Arbeiten sind zu vier thematischen Strängen verflochten, in denen die Beiträge durch eine jeweils spezifische Ausstellungsstruktur gerahmt und kontextualisiert werden. Dabei sind die Strukturen weder rein dienliche Sockel oder Displays noch bilden sie eine übergeordnete narrative Landschaft, in die die künstlerischen Inhalte eingebettet werden. Vielmehr reflektieren sie unterschiedliche Betrachter*innenverhältnisse, die an die Gebrauchsgewohnheiten der unterschiedlichen Sphären des Ernährungssystems angelehnt sind: Die vorherrschende landwirtschaftlich-industrielle Produktionsweise größerer Gewächshausstrukturen aber auch der Indoor-Pflanzenzucht und geschlossener Ökosysteme wird als offene elementierte Raumstruktur vermittelt (Farm). Die Projekte werden im Raster einer angedeuteten Halle präsentiert, über die

The exhibition *Food Revolution 5.0* extends from the public terrace of the Berlin Kunstgewerbemuseum, through the lobby and staircase, and all the way into the remotest corner of the design collection in the second sublevel. The diverse objects and works on display have been woven into four thematic strands, allowing us to frame and contextualize each contribution in relation to a specific exhibition structure. But neither are these structures purely functional pedestals or display platforms, nor do they constitute an overarching narrative landscape within which these artistic contents have been embedded. Instead, they reflect the varied relationships of our viewers, which depend upon usage habits within the diverse spheres of the food system: the prevailing agricultural, industrial mode of production of the larger greenhouse structures, but also indoor cultivation of plants and closed ecosystems are conveyed as open, unitized spatial structures (Farm). Projects are represented in a grid formation within a demarcated hall, across which visitors enter the museum. Global commercial practices are

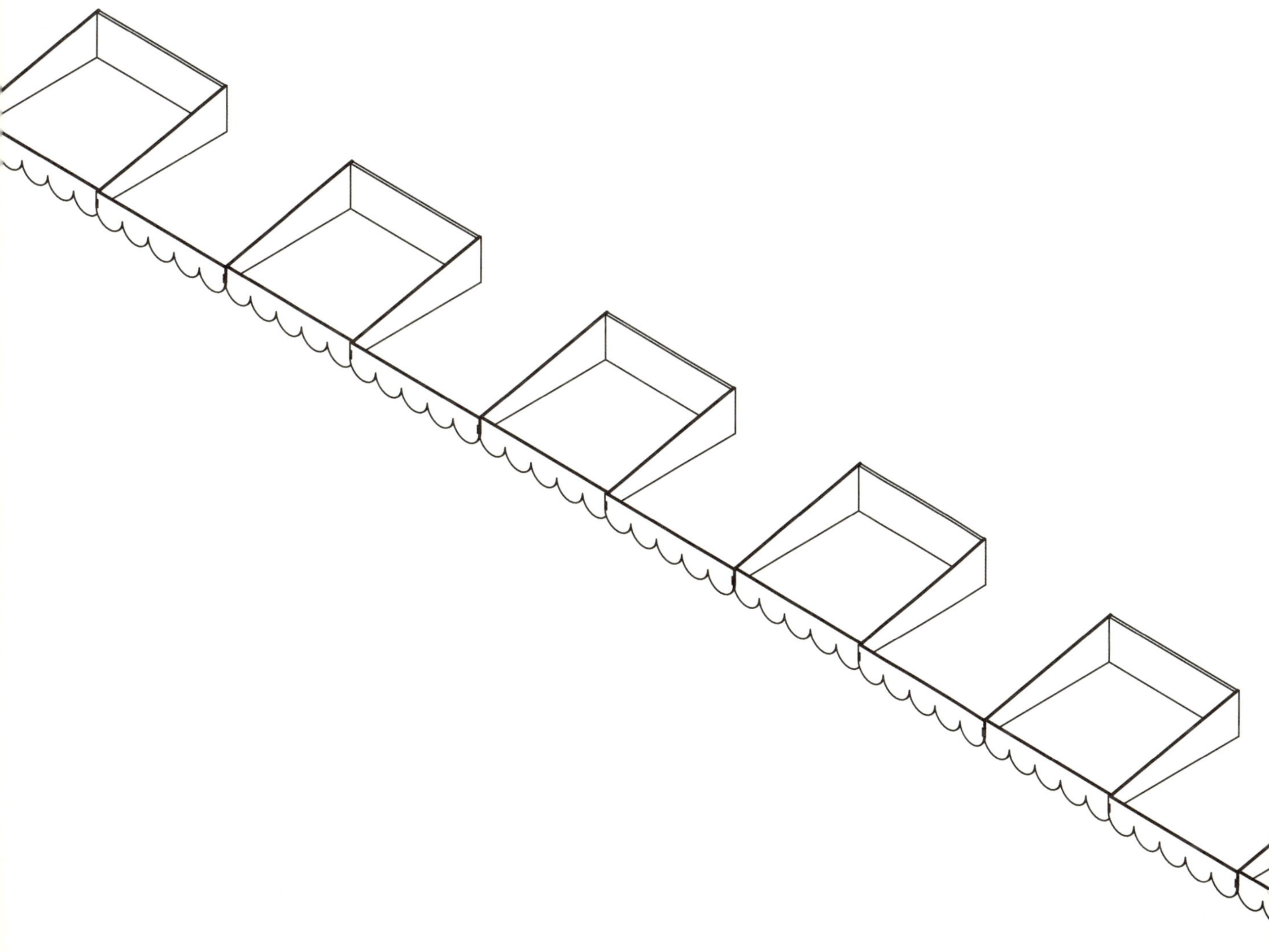

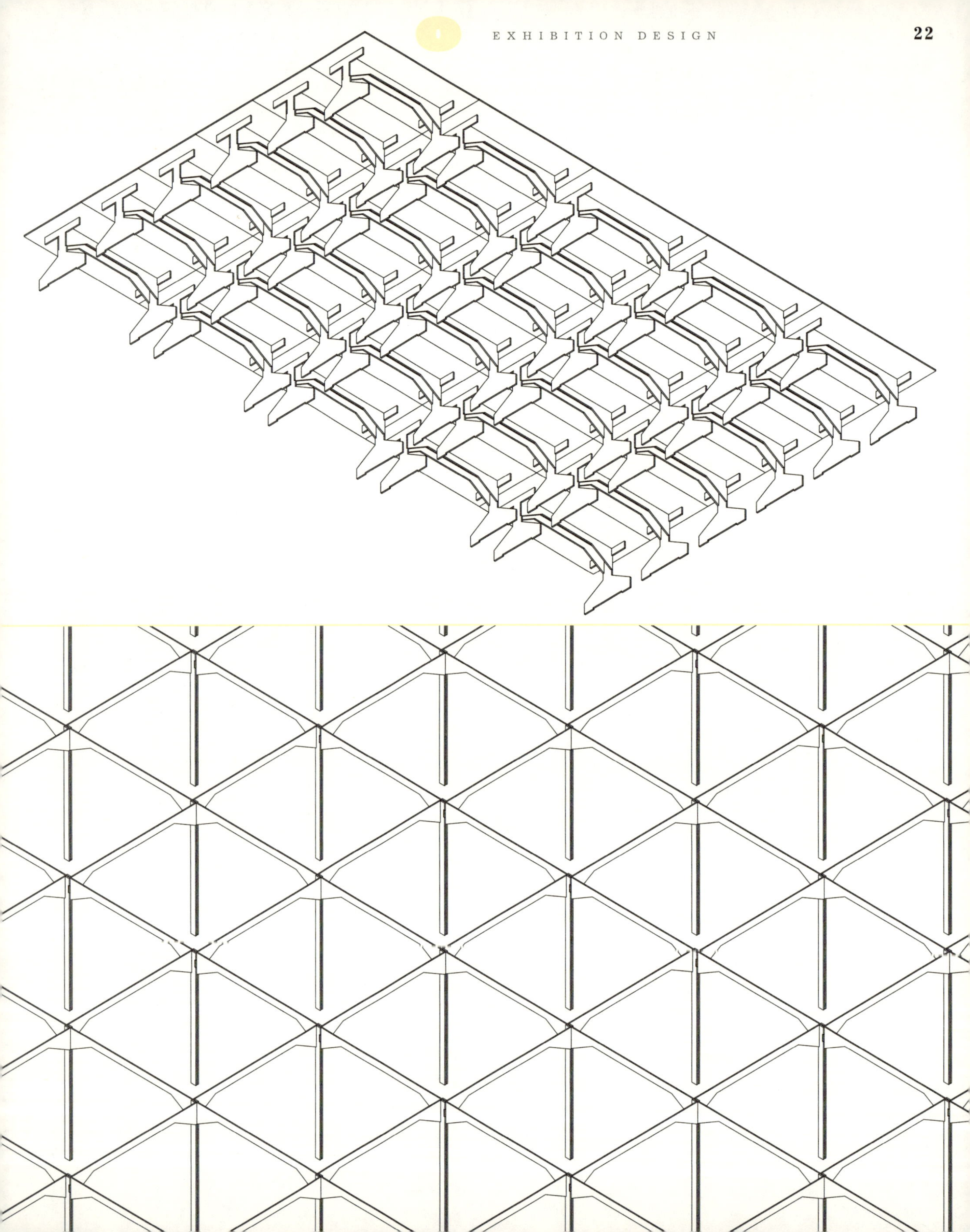

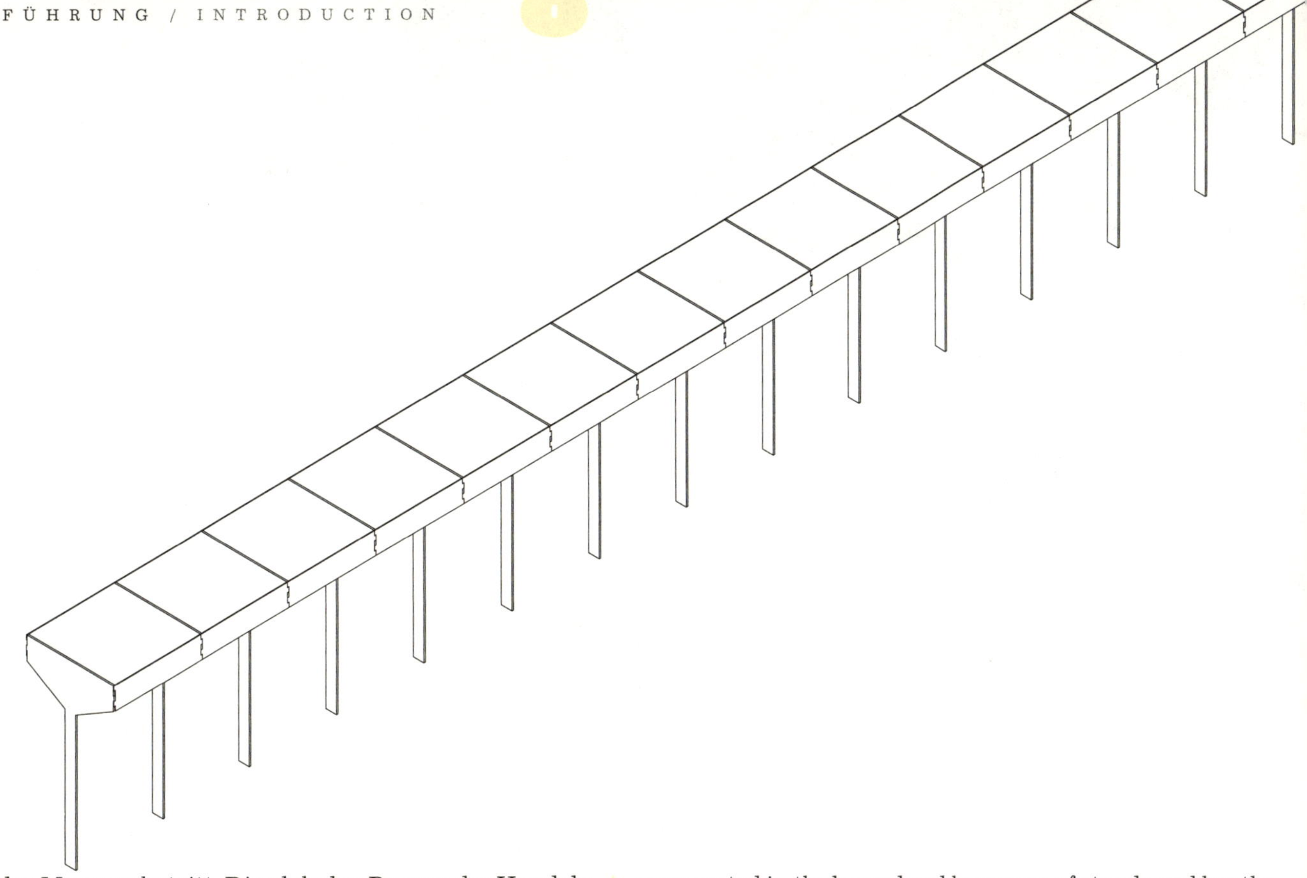

man das Museum betritt. Die globalen Praxen des Handels werden im Untergeschoss mittels Ständen und Buden repräsentiert, wie sie sowohl in romantisch konnotierten Bauernmärkten als auch globalen informellen Handelsströmen am Ende der Warenketten auftauchen (Markt). Die Exponate dieses Themenfeldes werden unter einer gemeinsamen Überdachung zusammengefasst. Der Einsatz standardisierter Belüftungstechnik, wie sie bei offenen Wohnküchen bis hin zu Großküchen und Kantinen zum Einsatz kommt, spiegelt eine Art der Nahrungszubereitung, die gleichzeitig Lifestyle wie auch Apparat geworden ist. In deren Kontext muss jede Form der Systemänderung gelesen werden (Küche). In der Ausstellung weist eine Dunstabzugshaube auf die technische und energetische Infrastruktur der Nahrungsverwertung hin und beleuchtet zugleich die ausgestellten Arbeiten. Und schließlich verweist der Tisch auf eine von vielen Möglichkeiten mittels Geschirr das Essen zu sich zu nehmen (Tisch). Er repräsentiert eine soziale Form des Beisammenseins und eine Kulturpraktik der Ernährung und bietet sich als Ablage für Ausstellungsgegenstände an.
Die Gestaltung möchte über diese vier sehr verschiedenen räumlichen Prinzipien die Lesbarkeit der Ausstellung unterstützen. Zugleich stellt sie mit der allen Strukturen zugrundeliegenden gemeinsamen Produktionslogik einen Zusammenhang zwischen den Kapiteln und somit den Orten und Bereichen der Ausstellung her. Nicht zuletzt soll sie als gestalterische Intervention in Haus und Ausstellung, andere Zugänge und Verständnisse ermöglichen.

represented in the lower level by means of stands and booths of the kind that are seen at farmers markets, with their romantic connotations, but which surface as well in the informal, global flow of trade at the end of the product chain (Market). The exhibits in this thematic field are collected beneath a common roofing structure. The deployment of standardized ventilation technology of the kind used in open residential kitchens, as well as in commercial kitchens and cafeterias, mirrors a type of food preparation that has simultaneously become a lifestyle as well as an apparatus. Every form of system change must be interpreted in this wider context (Kitchen). In the exhibition, fume extraction hoods allude to the technical and energetic infrastructure of food utilization, at the same time serving to illuminate the exhibited works. And finally, the table calls attention to one of many possibilities for consuming food using dishware (Table). It stands for a form of sociable conviviality and a cultural practice of absorbing sustenance, and offers itself as a display surface for the exhibited objects.
By means of these four highly heterogeneous spatial principles, the exhibition design strives to facilitate the legibility of the presentation. At the same time, by deploying a shared logic of production that underlies all of these structures, it seeks to generate a larger context that joins the various chapters, and hence the various scenes and sections of the exhibition. Not least of all, it strives as a design intervention in the building and in the exhibition to facilitate different forms of access and understanding.

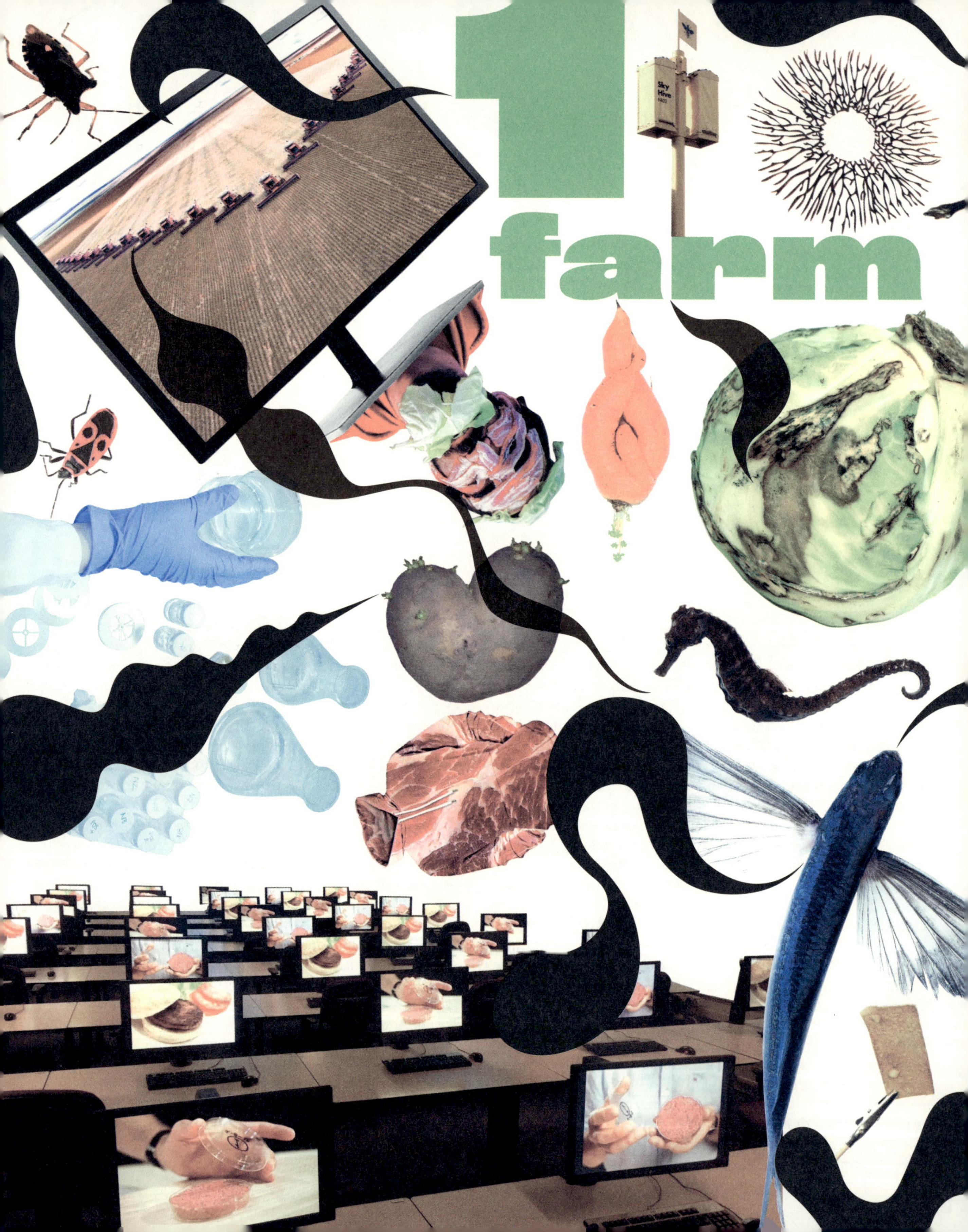
1
farm
Sky
Hive

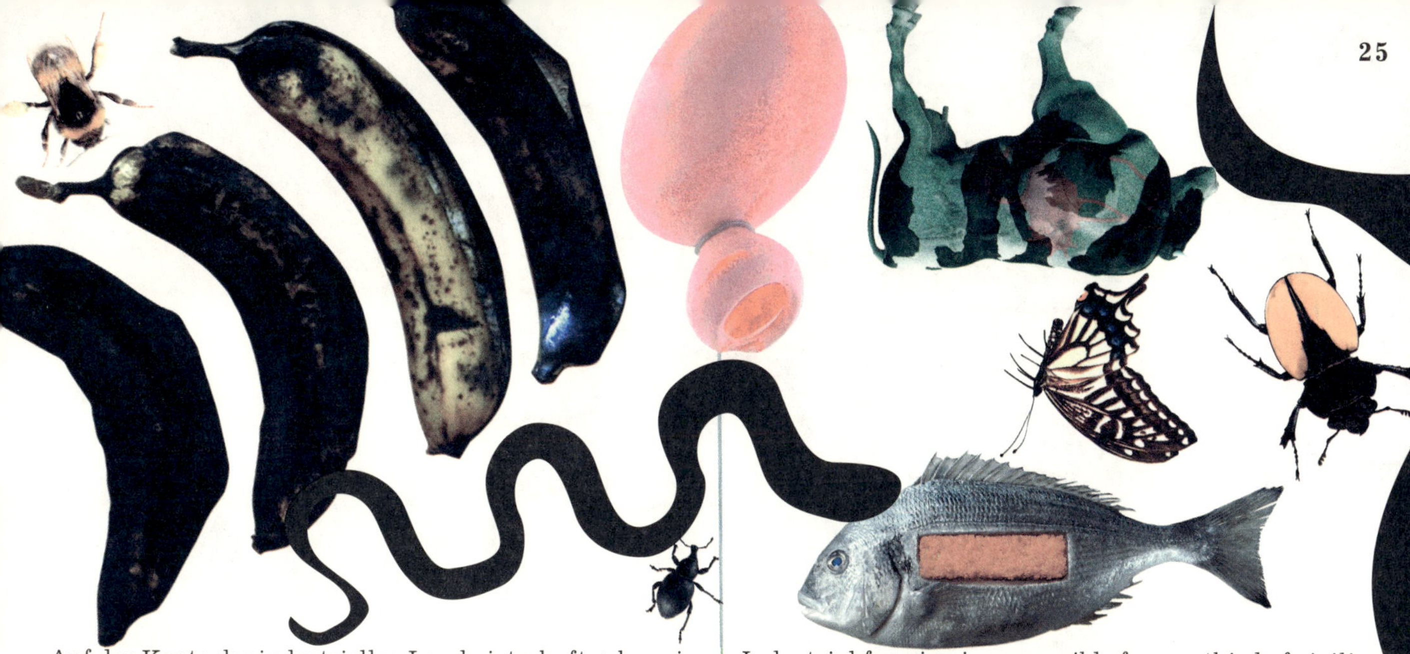

Auf das Konto der industriellen Landwirtschaft gehen ein Drittel der zivilisationsbedingten Treibhausemissionen sowie gute 70% des Süßwasserverbrauchs. Sie ist durch ihre Monokulturen außerdem Mitverursacherin der schwindenden Biodiversität. Biodiversität wiederum ist die elementare Basis einer nachhaltigen Landwirtschaft und trägt zur Resilienz der Systeme bei. Laut Weltagrarbericht sind inzwischen drei Viertel der 1990 noch vorhandenen Sortenvielfalt verloren. 75% aller Lebensmittel der Welt stammen von nur zwölf Pflanzen und fünf Tierarten.

Massentierhaltung und Hochleistungszüchtungen durch Genmanipulationen steigern das ökologische Problem. Die Umweltfolgen des steigenden Tierkonsums betreffen vor allem Ressourcen- und Flächenverbrauch, erhöhte Treibhausgasemissionen und Nitratbelastung von Böden und Gewässern. Auch die Überfischung der Meere bedeutet eine Bedrohung für die Balance des Ökosystems. Die Dezimierung zahlreicher Meerestierarten wirkt sich unterschiedlich negativ auf die biologische Produktivität der Weltmeere aus und trägt dadurch zur Veränderung der Stoffkreisläufe der Erde bei.

Der Weltagrarbericht kommt zu dem Schluss, dass der einseitige Produktivismus industrieller Landwirtschaft die verfügbaren natürlichen Ressourcen des Planeten Erde in unvertretbarem Maße ausbeutet. Trotz Überproduktion ist das industrielle Landwirtschaftsmodell unfähig, das Grundbedürfnis von Milliarden Menschen nach ausreichender und ausgewogener Ernährung zu befriedigen und befördert außerdem die gesundheitsschädigende Überernährung.

In Erkenntnis dieses Scheiterns wird ein neues, im Grunde aber altbekanntes Modell der Landwirtschaft gefordert: kleinbäuerliche, arbeitsintensivere und auf Vielfalt ausgerichtete Strukturen als Garant einer ökologisch, sozial und wirtschaftlich nachhaltigen Lebensmittelversorgung mit widerstandsfähigen Anbau- und lokalen Verteilungssystemen.

Industrial farming is responsible for one third of civilization-related greenhouse gas emissions and a good 70% of fresh water consumption. Its focus on monocultures furthermore contributes to declining biodiversity. Biodiversity in turn is the fundamental basis for sustainable agriculture and makes systems more resilient. According to the World Agriculture Report (International Assessment of Agricultural Knowledge, Science and Technology for Development), three quarters of the biodiversity that still existed in 1990 is in the meantime lost. 75% of all the world's foods come today from only twelve plants and five animal species.

Factory farming of livestock and the creation of high-performance breeds through genetic manipulation only exacerbate our ecological problems. The increasing consumption of animal meat takes a heavy toll on the environment in terms of resource and land use, while driving up greenhouse gas emissions and causing widespread nitrate pollution of the soil and water. Overfishing in the oceans likewise threatens the equilibrium of our ecosystem. The depletion of many marine species has wide-ranging adverse effects on the biological productivity of the world's oceans, contributing in this way to changes in the earth's material cycles.

The World Agriculture Report comes to the conclusion that the one-sided production practices in industrial agriculture exploit the natural resources of the planet Earth to an extent that is indefensible. Despite overproduction, industrial farming is unable to satisfy the basic needs of billions of people for adequate and balanced nutrition, while at the same time promoting unhealthy overeating.

In recognition of this failure, there is a drive today to promote a ›new‹ model of agriculture, one that is actually a time-honored tradition: small-scale, labor-intensive farming focusing on diversity as a guarantee for an environmentally, socially and economically sustainable food supply, with resilient cultivation practices and local distribution systems.

Claudia Banz

Kuratorin der Ausstellung und Kuratorin für Design / Curator of the exhibition and curator for Design, Kunstgewerbemuseum — Staatliche Museen zu Berlin

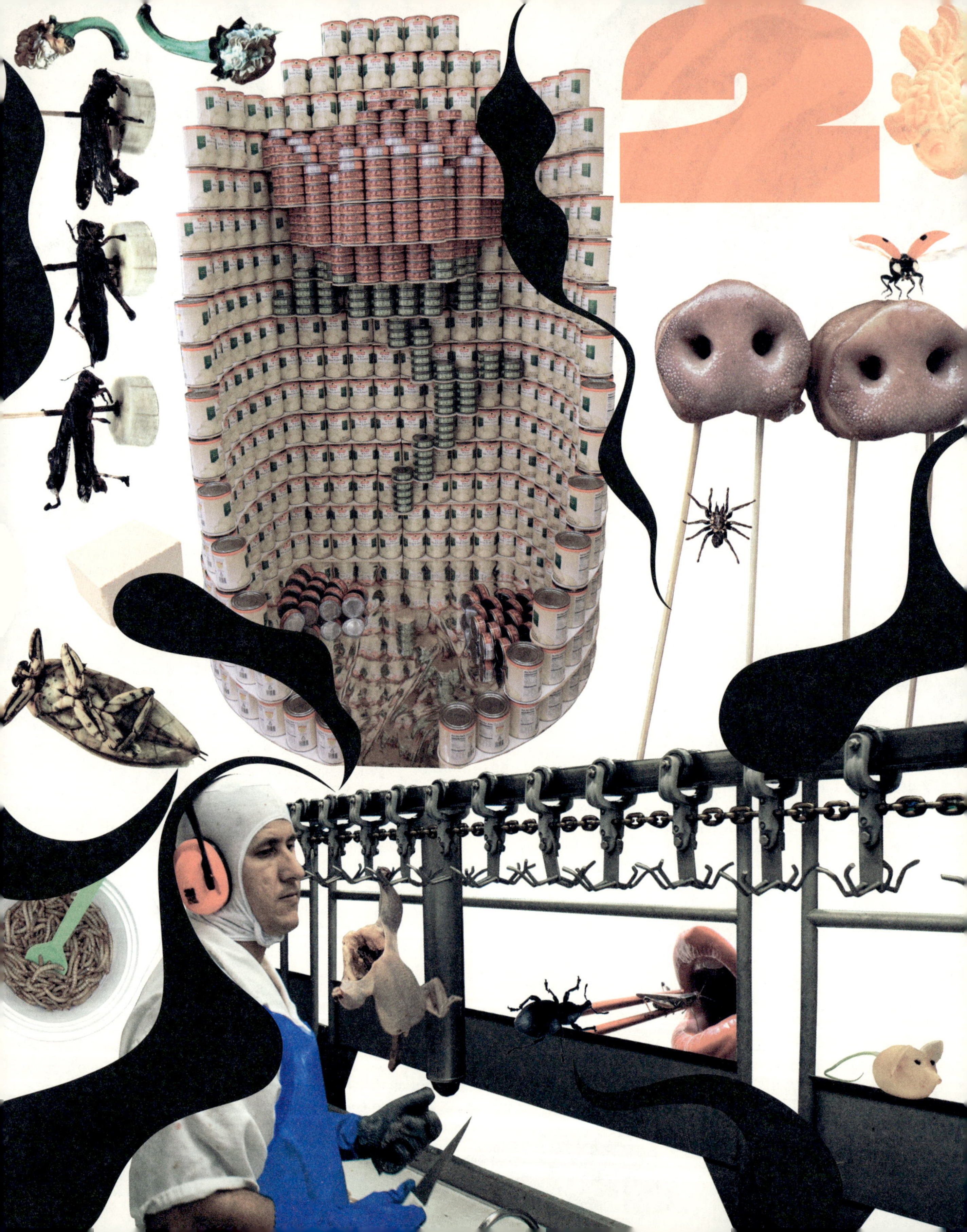
2

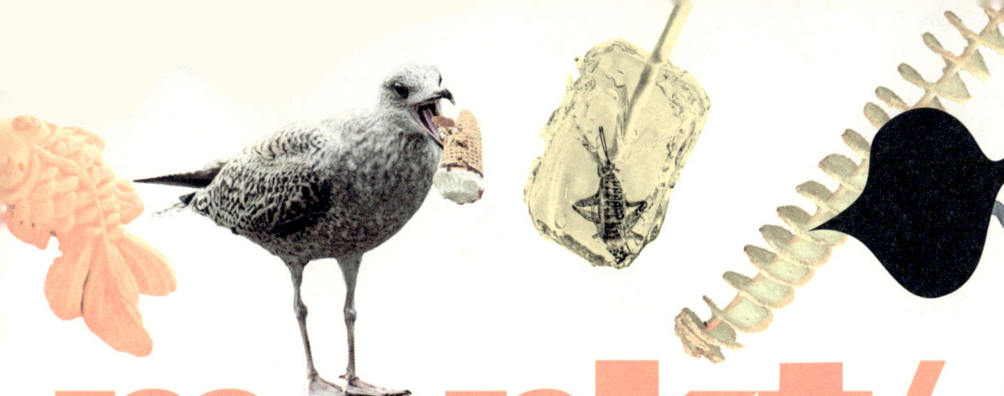

markt/ market

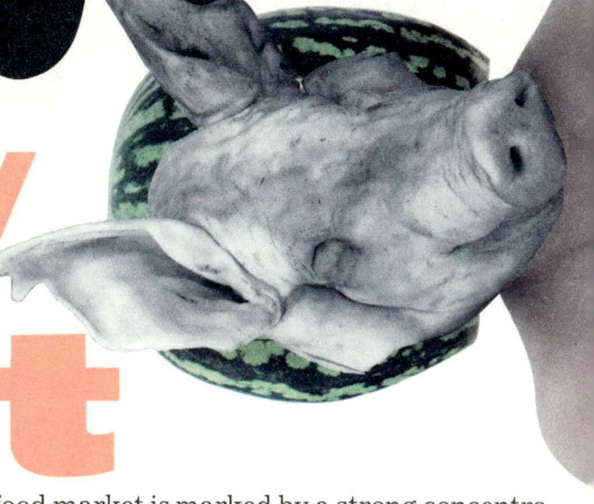

Der globale Lebensmittelmarkt ist durch Machtkonzentration, Intransparenz, eine ungerechte Verteilung der Ressourcen und Skandale gekennzeichnet. Eine Handvoll multinationaler Konzerne treibt die Industrialisierung entlang der gesamten Wertschöpfungskette vom Acker bis zur Ladentheke voran und bestimmt weltweit, was in den Handel, die Supermärkte und damit auf unsere Teller kommt. Der Preisdruck durch Lebensmittelkonzerne und Supermarktketten entlang der globalen Lieferkette ist eine der Hauptursachen für schlechte Arbeitsbedingungen und Armut in den Produktionsländern.
Im Handel mit Essen werden gigantische Geldmengen bewegt. Spätestens seit der Finanzkrise 2008 ist die exzessive Spekulation mit Agrarrohstoffen zum gewinnbringenden Geschäft geworden. Das sogenannte Landgrabbing (der Aufkauf und Handel von fruchtbarem Boden in Entwicklungsländern) verschärft die Situation zusätzlich. Der Agrarprotektionismus der reichen Industrienationen, die ihre Agrarüberschüsse durch hoch subventionierte Exporte abbauen, drückt auf die Preise auf dem Weltmarkt. Umgekehrt wird dadurch der Aufbau lokaler Erzeugerstrukturen behindert, die den Menschen der armen Länder nicht nur ein ausreichendes Einkommen, sondern auch ausreichend Nahrung sichern würde, ganz zu schweigen von der aktiven Teilhabe am gesellschaftlichen Leben. Die weltweit anhaltende Landflucht trägt den Hunger in die Slums und Vororte der Megacities. Hier müssen die Betreffenden nahezu 70% ihrer verfügbaren Mittel für Ernährung ausgeben. Wenn bedingt durch Spekulationen mit Agrarrohstoffen an der Börse die Preise für Nahrung steigen, ruft dies immer häufiger Hungerrevolten in den Städten Asiens, Afrikas und Latein- und Südamerikas hervor.
Historisch gesehen steht der Handel mit Essen als Sinnbild für den globalisierten Kapitalismus. Der Supermarkt verkörpert DAS ästhetische Prinzip der siegreichen, kapitalistischen Welt und demonstriert die ständige Verfügbarkeit von Essen.

Today's global food market is marked by a strong concentration of power, a lack of transparency, an unfair distribution of resources, and frequent scandals. A handful of multinational corporations drives increasing industrialization along the entire value chain, from field to shelf, and determines worldwide what comes onto the market, into supermarkets, and from there onto our plates. Price pressure exerted by food companies and supermarket chains along the global supply chain is one of the main reasons for poor working conditions and poverty in the countries of production.
In food commerce, huge amounts of money change hands. At the latest since the financial crisis of 2008, excessive speculation in agricultural commodities has become a profitable business. So-called land grabbing (purchasing and selling off fertile ground in developing countries) further aggravates the situation. Agricultural protectionism on the part of the rich industrialized nations, which unload their agricultural surplus as highly subsidized exports, puts pressure on prices on the world market. Conversely, it hinders the development of local production structures in poorer countries that would not only provide people with a sufficient income but would also ensure them an adequate food supply, not to mention enabling them to play an active role in society. The ongoing rural exodus all over the world worsens the problem of hunger in the slums and suburbs of megacities. The people living in these areas must today spend almost 70% of their disposable income on food. When food prices rise due to speculation in agricultural commodities on the stock exchange, this leads more and more frequently to food riots in the cities of Asia, Africa and Latin- and South America.
Historically, the food trade has always been seen as a symbol of globalized capitalism. The supermarket in turn embodies the prime aesthetic principle of the victorious capitalist world: a showcase for the constant availability of food.

Claudia Banz

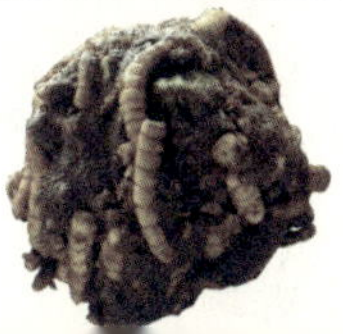

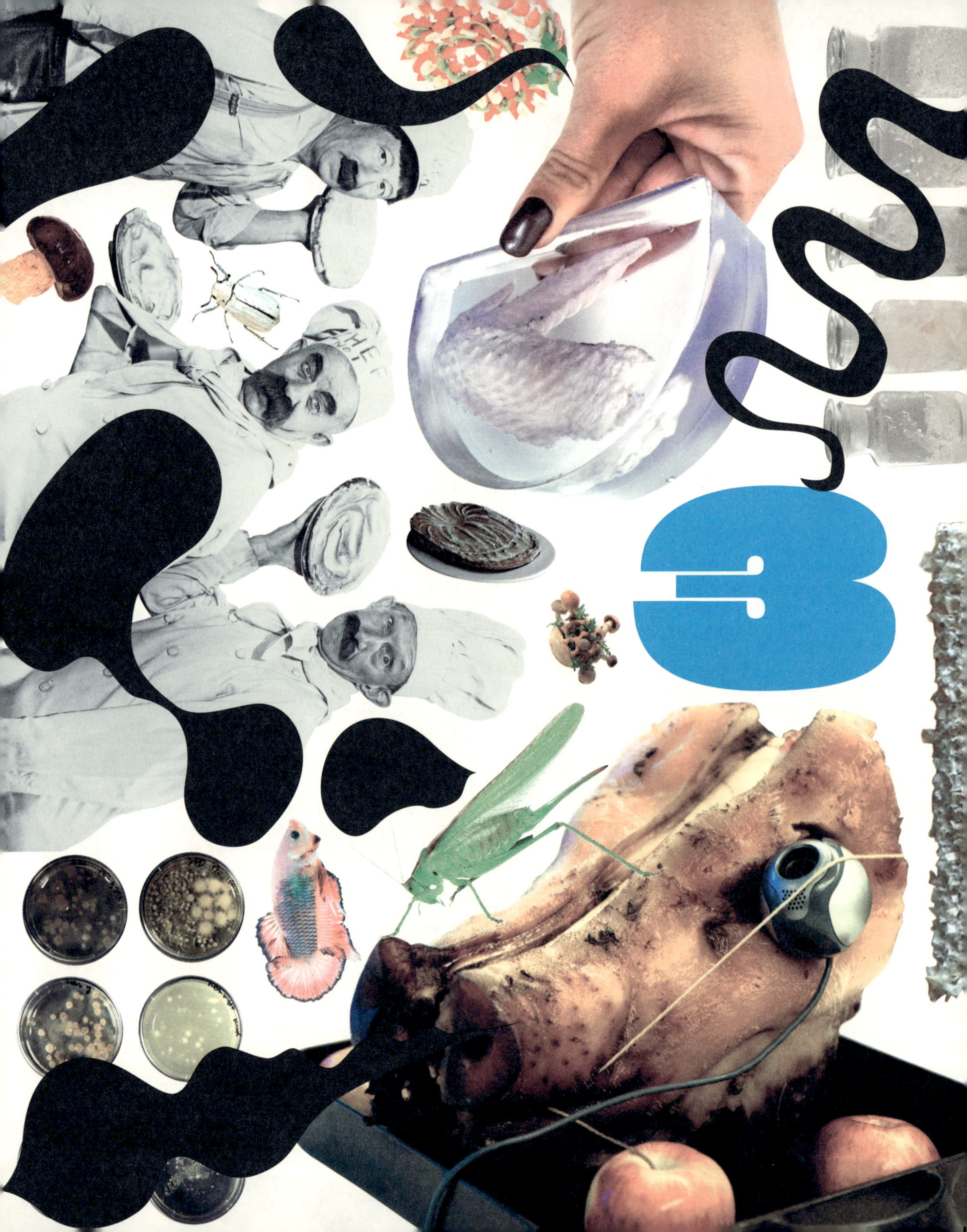
3

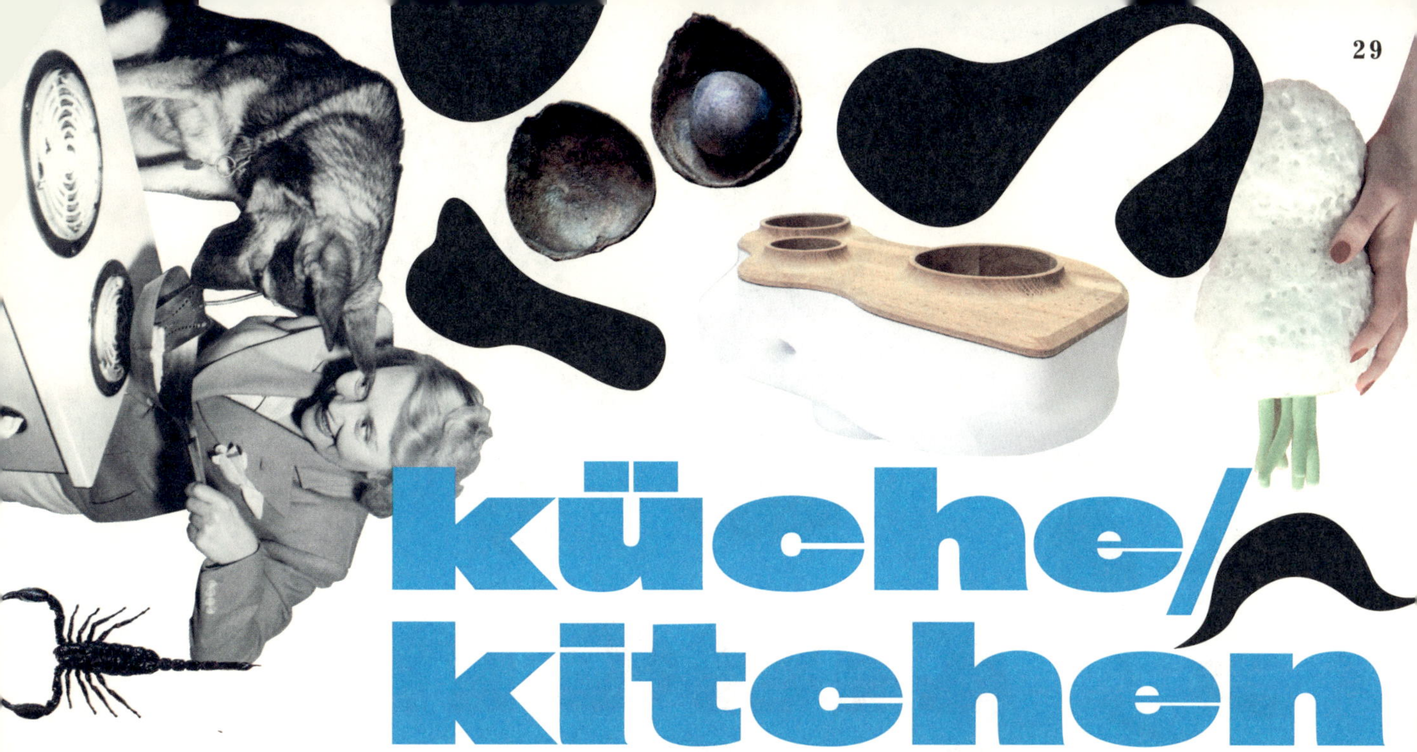

küche/ kitchen

Die Küche ist ein Spiegel kultureller, sozialer und ökonomischer Prägungen und gesellschaftlicher Entwicklungen. Sie bildet den entscheidenden Schnittpunkt von Versorgung. In der Küche werden nicht nur Lebensmittel bereitet, sondern auch Lebensstile, Geschmackstrends und soziale Positionen. Durch TV Shows, Magazine, Apps und Social Media Foodblogs wird Essen heute als Lifestyle öffentlich zelebriert.

Dem entspricht der Trend zur heimischen Küche als Bühne und Statussymbol, in der die jeweils neueste Technik zur Schau gestellt wird. Die ›hightech‹ oder ›smarte‹ Küche versinnbildlicht unsere Entfremdung von unserer Nahrung, die wir größtenteils als Convenience Food zu uns nehmen. Wo unsere Lebensmittel eigentlich herkommen, wie sie produziert werden, wieviel Arbeit und Ressourcen in ihnen stecken, bleibt uns verborgen. Genauso haben wir das Wissen um die richtige Zubereitung, Konservierung und Lagerung verloren. Jedes achte Lebensmittel landet durch unser Unwissen im Hausmüll. Unser globalisiertes und industrialisiertes Ernährungssystem ist zudem äußerst anfällig für Vergiftungen und Belastungen, woraus neue Gesundheitsrisiken und neue Krankheitssyndrome entstehen.

Die Küche als der reale und der symbolische Ort der menschlichen Ernährung eignet sich daher ganz besonders für die innovativen Praktiken des Do-it-yourself oder Do-it-together für eine transparente und nachhaltige Selbstversorgung. Neue Technologien sollten sinnvoll mit altem Wissen um Nahrungsressourcen, deren artgerechte Kultivierung, Zubereitung und Lagerung verbunden werden. In diesen neuen Küchen, die idealerweise nach dem Prinzip eines nachhaltigen Energie- und Abfallmanagements funktionieren, werden die Konsument*innen zu Produzent*innen.

Claudia Banz

The kitchen is a mirror of cultural, social and economic influences, and of developments in society. It forms the vital interface between food supply and consumption. We not only prepare our food in the kitchen but have also come to see it as a showcase for changing ways of life, taste trends and social status. On TV shows and in magazines, apps and social media food blogs, food is celebrated today as a prominent part of our lifestyle.

There is a growing trend today toward seeing the home kitchen as a stage and a status symbol, a place where the latest technology is showcased. The ›high-tech‹ or ›smart‹ kitchen can be seen as a metaphor for our alienation from our food, which we consume these days mostly in the form of convenience food. Where our food really comes from, how it is produced, and how much labor and resources go into it — all of this remains hidden to us as consumers. And we've also lost touch with the knowledge of how to prepare, preserve and store food properly. Because of this ignorance, one in eight food products that we purchase end up in the household waste. What's more, our globalized and industrialized food system is also extremely susceptible to toxins and pollutants, which can lead to new health risks and diseases.

The kitchen as both the real and symbolic locus of human nutrition is therefore uniquely suited for the innovative practices of do-it-yourself or do-it-together, as ways of achieving transparent and sustainable self-sufficiency. The goal here is to sensibly conjoin the latest technologies with our age-old knowledge of food resources and their careful and prudent cultivation, preparation and storage. In new-age kitchens, which ideally operate according to the principles of sustainable energy and waste management, the consumers become producers.

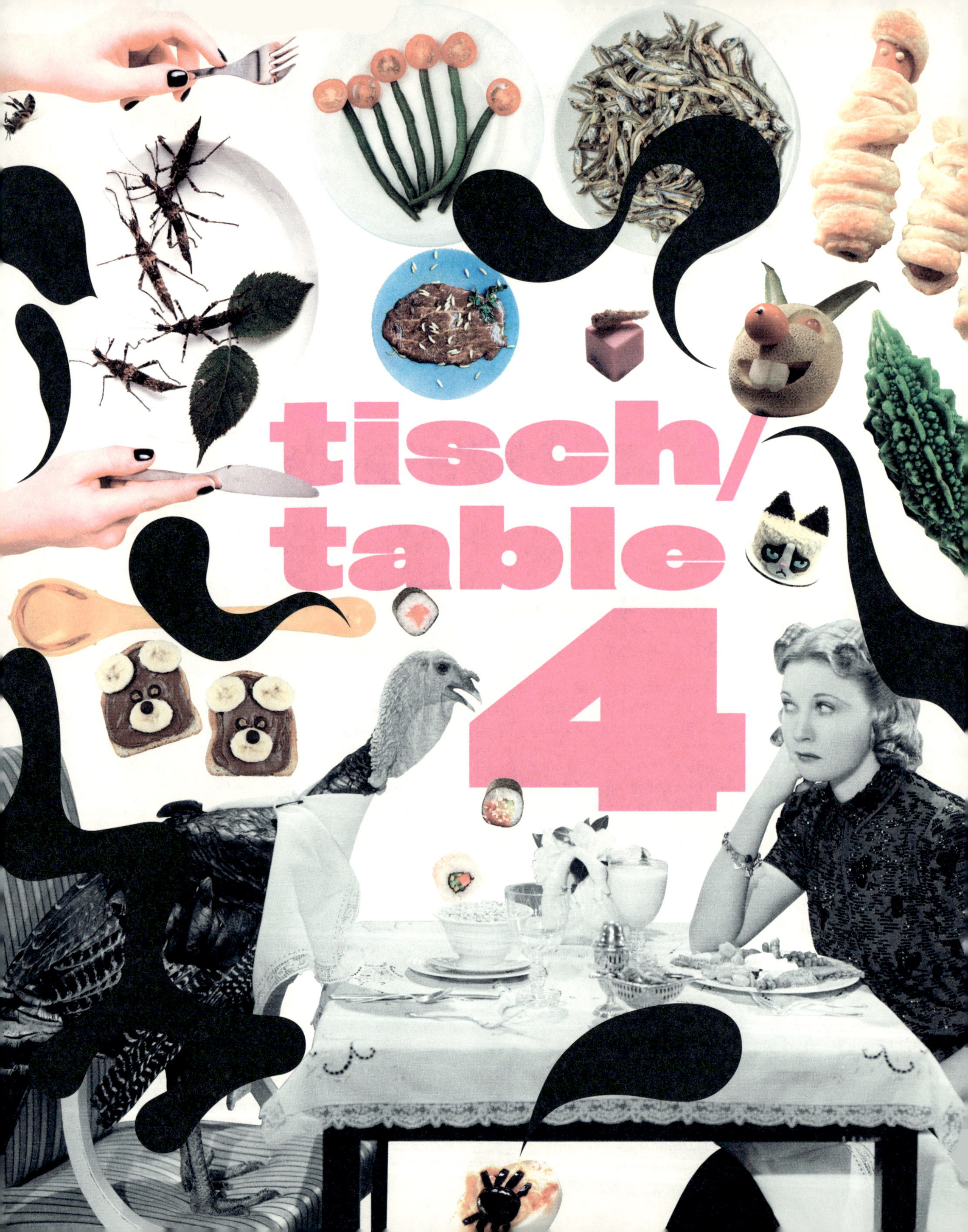
tisch/
table
4

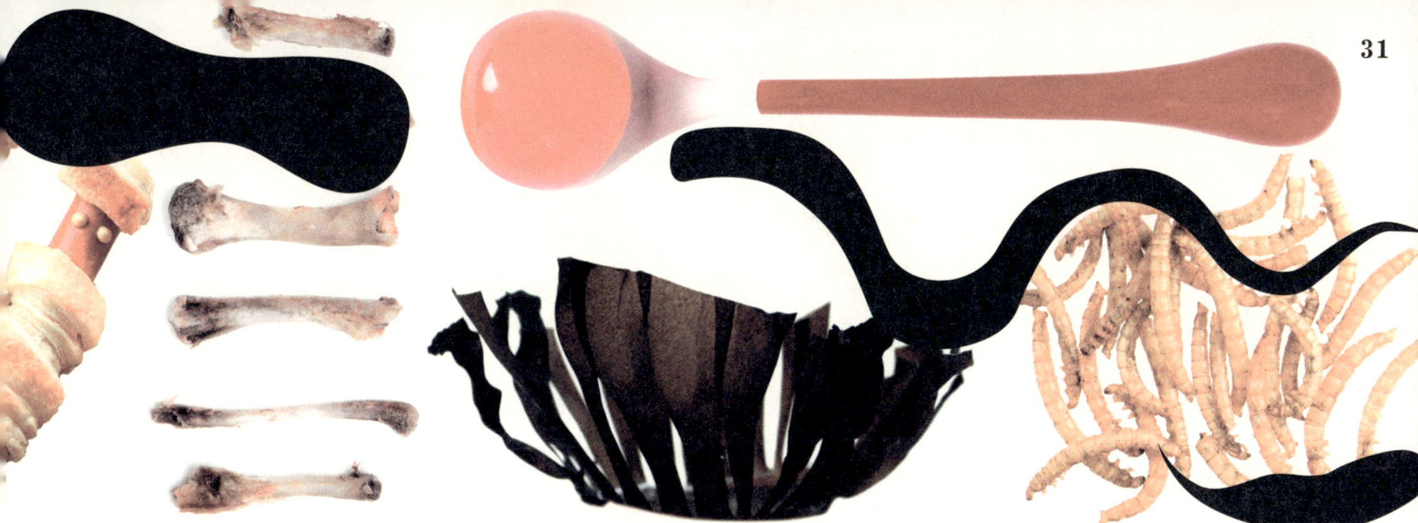

Essen besitzt einen zentralen Stellenwert als soziales und kommunikatives Ereignis. Über die lebensnotwendige Nahrungsaufnahme hinaus ist Essen sowohl eine Quelle der Lust als auch von Leid, es vermittelt Genuss und erregt Ekel, spiegelt Armut und Wohlstand, fördert die Gemeinschaft und zwischenmenschliche Beziehungen. Jedoch hat sich unsere Esskultur im Verlauf des 20. Jahrhunderts fundamental gewandelt. Die Gesellschaft wird immer mobiler, wodurch sich die täglich festgelegte Abfolge der Mahlzeiten weitgehend aufgelöst hat. Statt gemeinsamer Mahlzeiten findet die Nahrungsaufnahme zunehmend unterwegs, alleine und zu jeder Uhrzeit statt.

Mehr als das Ritual des Essens treibt uns heute die Frage um: »Wie sollen/können wir richtig essen?« Dies betrifft weniger unseren Lifestyle, sondern vor allem unsere Gesundheit: Wir sind, was wir essen! Voraussetzung für eine gesunde Ernährung ist ein profundes Ernährungswissen, das die meisten Menschen aber nie erlernt haben und somit nicht besitzen. Entscheidend ist nicht nur eine ausreichende Menge an Nahrung, sondern auch ihre ausgewogene Zusammensetzung. Das Problem ist, dass auch das vermeintlich gesunde Essen aktuellen Trends unterworfen ist und sich die Konzepte daher häufig wandeln. Daher ist Ernährung auch mit vielen negativen Erfahrungen verbunden: Übergewicht und Hunger, Magersucht oder andere Essstörungen, Lebensmittelskandale oder Giftstoffe in den Lebensmitteln.

Essen berührt unsere Sinne. Vor allem unser Geschmackssinn wird durch kulturelle und soziale Erziehung von Kindheit an beeinflusst und geprägt: Sie bestimmt, was wir schmackhaft und was wir eklig finden. Durch den überwiegenden Genuss von industrieller Nahrung sind unsere Geschmacksnerven jedoch zunehmend verkümmert. Zukünftig wird auch die Verfügbarkeit von Essen wieder zur Disposition stehen. Noch lebt ein Großteil der Bevölkerung sprichwörtlich im Schlaraffenland. Doch wenn das gegenwärtige Ernährungssystem nicht radikal verändert wird, werden Versorgungsengpässe und Preissteigerungen zu einem Problem für uns alle.

Kulinarisches Wissen sollte daher in unserer Gesellschaft keine Nebensache mehr bleiben, sondern elementarer Bestandteil unserer kulturellen Bildung werden.

Food plays a central role as a social and communicative event. Going far beyond mere sustenance, food can be both a source of pleasure and of suffering, it gives us enjoyment but can also arouse disgust, it reflects both poverty and prosperity, promotes a feeling of community and strengthens interpersonal bonds. Our culinary culture underwent a radical transformation in the course of the 20th century. As society becomes increasingly mobile, the former fixed daily schedule of three meals a day has largely disappeared. Instead of sharing meals, we often consume food on the go, alone, and at any time of the day.

Even more than the rituals of eating, though, the question that preoccupies us these days is »How can I make sure to eat properly?« This is not so much a matter of lifestyle as of health: We are what we eat! And eating a healthy diet requires the kind of in-depth knowledge that most people do not have at their disposal. Not only eating the right amount of food is vital but also maintaining a balanced diet. The problem is that even supposedly healthy food is subject to the latest trends, meaning that our concept of what we should be eating is constantly changing. Nutrition is therefore connected with many negative experiences: obesity and hunger, anorexia or other eating disorders, food scandals or toxins in our food.

Food appeals to our senses. Our sense of taste in particular is influenced and shaped from an early age by our cultural and social upbringing, which determines what we find tasty or by contrast disgusting. Our taste buds have however become dulled through our massive consumption of industrially produced foods. In the future, the availability of food will also once again be a matter for discussion. The majority of people are still living in a proverbial land of milk and honey. But if we don't make some fundamental changes in our food system, supply shortages and higher prices will become a growing problem for all of us.

Culinary knowledge should therefore not be written off in our society as a secondary matter but rather be elevated to an integral part of our cultural education.

Claudia Banz

»der garten ist nämlich weit mehr als ein ort des säens und erntens. gemüseanbau ist auch ausgangspunkt politischen handelns für die, die den ungehinderten und ungenierten zugriff auf die ressourcen der welt in frage stellen.«

Christa Müller

»Actually, the garden is far more than a place of sowing and harvesting. Vegetable cultivation is also a point of departure for political action on the part of those who are calling into question the unimpeded and shameless access to the world's resources.«

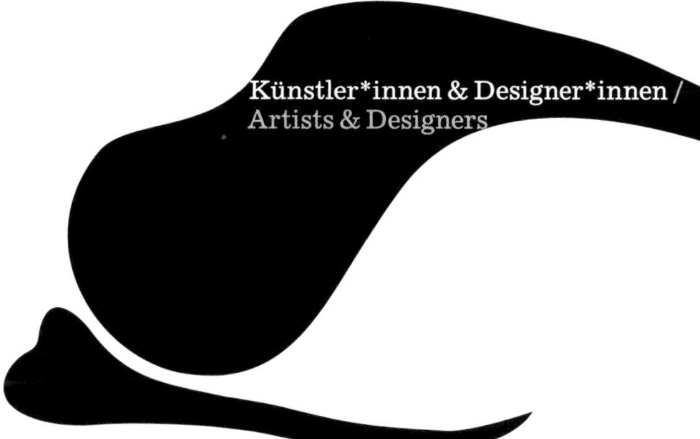

Künstler*innen & Designer*innen / Artists & Designers

mattonoffice urbane streuobstwiese

Urban Meadow Orchard

(don't sit under the apple tree with anyone else but me)

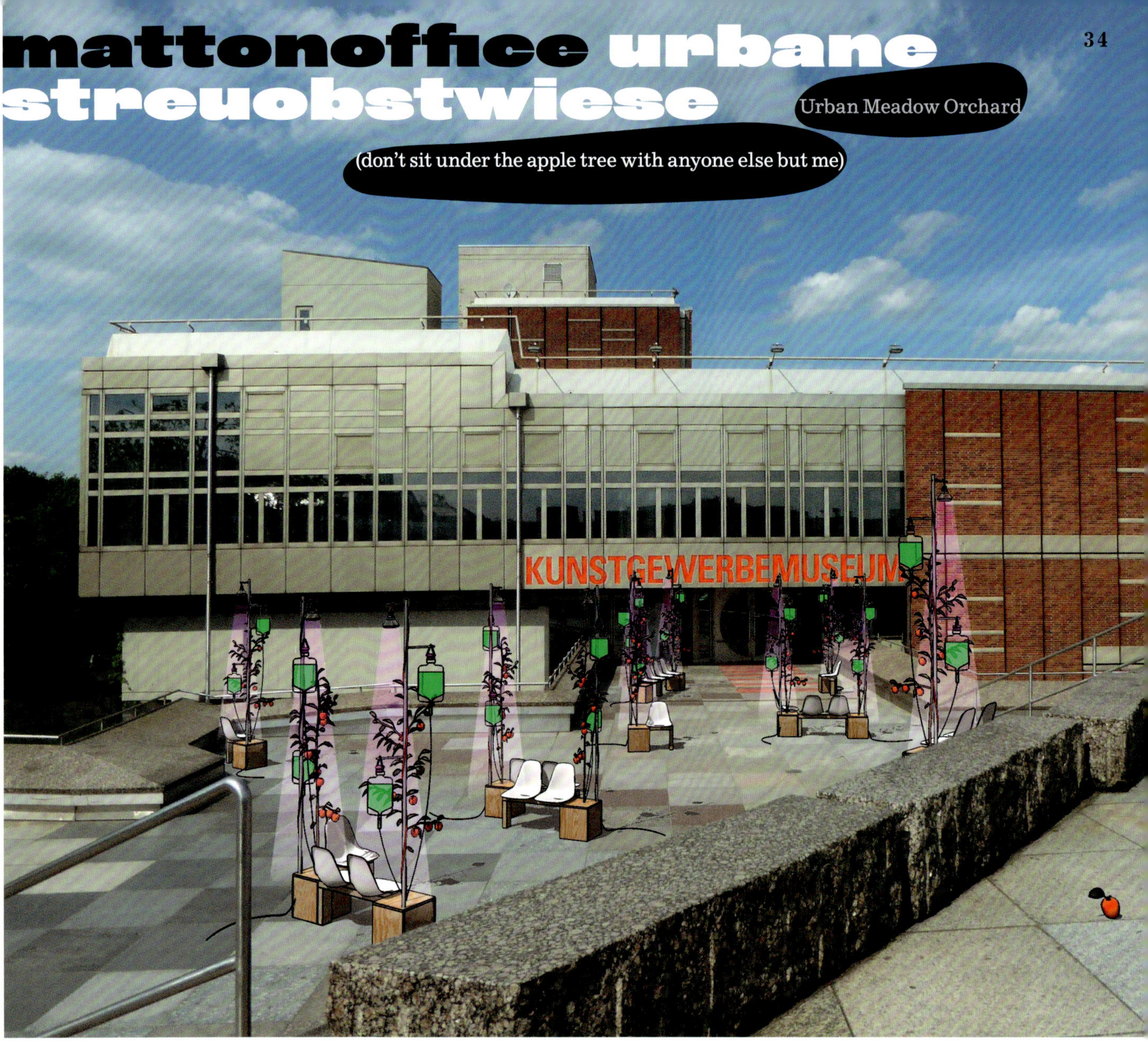

Die *urbane StreuObstWiese* ist eine Forschungsinstallation mit Apfelbäumen. Die Bäume stehen im Topf und hängen am Tropf, der sie mit Dünger, Wasser und Licht versorgt. So sind sie nicht abhängig vom Wetter oder vom grünen Daumen der *urban gardeners*. Städtische Grünpfleger können sich den Aufwand nicht mehr leisten, Obstbäume in der Stadt in natürlichen Verhältnissen wachsen zu lassen. Daher gehören Obstbäume nicht in unsere effiziente Stadtbegrünung. In den Vorstädten sieht man nur noch ›grüne Kugeln auf Stäbchen‹ entlang der Straße, die ersten Rasenflächen aus Plastik wurden schon ausgelegt.
Es stellt sich die durchaus trendige wie pragmatische Frage, nicht das Stadtklima, sondern die Bäume anzupassen. Können Apfelbäume im heutigen Stadtklima wachsen — warm,

Urbane StreuObstWiese (urban meadow orchard) is a research installation that involves apple trees. The trees stand in pots and are supplied through drips with fertilizer, water, and light. This makes them independent of weather conditions and the green thumb of the urban gardener. Urban cultivators can no longer cope with the effort and expenditure of having fruit trees grow in natural conditions within cities. This means that fruit trees are the longer a component of efficient urban green planning. All that we see lining streets in suburban communities, moreover, are ›green balls on sticks‹ — and the first plastic lawns have already been laid out.
A thoroughly trendy and pragmatic option is to adapt not the urban climate, but instead the trees themselves. Can

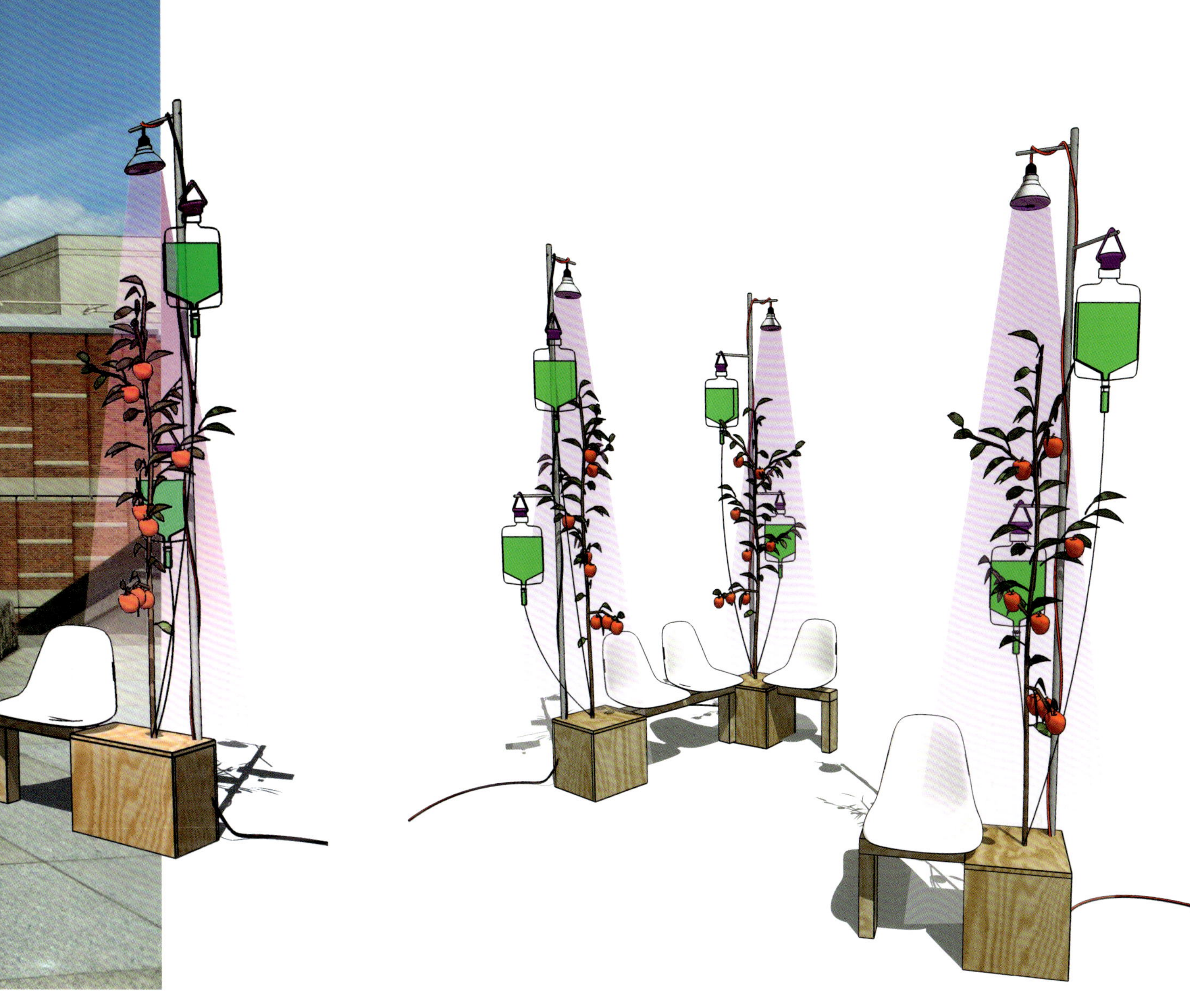

trocken, umgeben von Asphalt, Beton und Feinstaub —, aber auch passend zu unserer kontemporären Großstadt-Eventkultur? In der Heterotopie der *urbanen StreuObstWiese* lernen die Bäume ihren Evolutionsprozess so zu verändern, dass sie in unserer dicht besiedelten Welt überleben können.

Die *urbane StreuObstWiese* gibt in jeder Saison einen Anlass zum Feiern: eine *BlütenBestäubungsParty* im Frühjahr, das *ErnteFest* mit Apfelkuchen im Sommer, ein Herbstfeuer, bei dem die Blätter brennen, und den Holzschnitt mit Apfelwein im Winter. Die urbanen Konsument*innen können genießen, im Liegestuhl unter dem Baum, beim kontemplativen Jäten und bei einem guten Gespräch über die Zukunft unserer Städte und die Natur.

apple trees actually grow in today's urban climate — warm, dry, surrounded by asphalt, concrete, and particulate matter, but also well-adapted to our contemporary metropolitan event culture? In the heterotopia of *urbane StreuObst-Wiese*, trees learn to alter their evolutionary processes in such a way that they are able to survive in our densely settled world.

The urban meadow orchard is a cause for celebration in all seasons: a pollination party in springtime, a harvest festival with apple cake in summertime, autumn festivities with leaf-burning, pruning with apple cider in wintertime. Here, the urban consumer may enjoy a shady seat in a lounge chair, contemplative weeding, or pleasant conversation about the future of our cities and of nature.

leibniz-institut für gewässerökologie und binnenfischerei

Leibniz-Institute of Freshwate Ecology and Inland Fisheries

inapro

Aquaponik — Lebensmittelproduktion im 21. Jahrhundert / Aquaponic — Food production in the 21st century

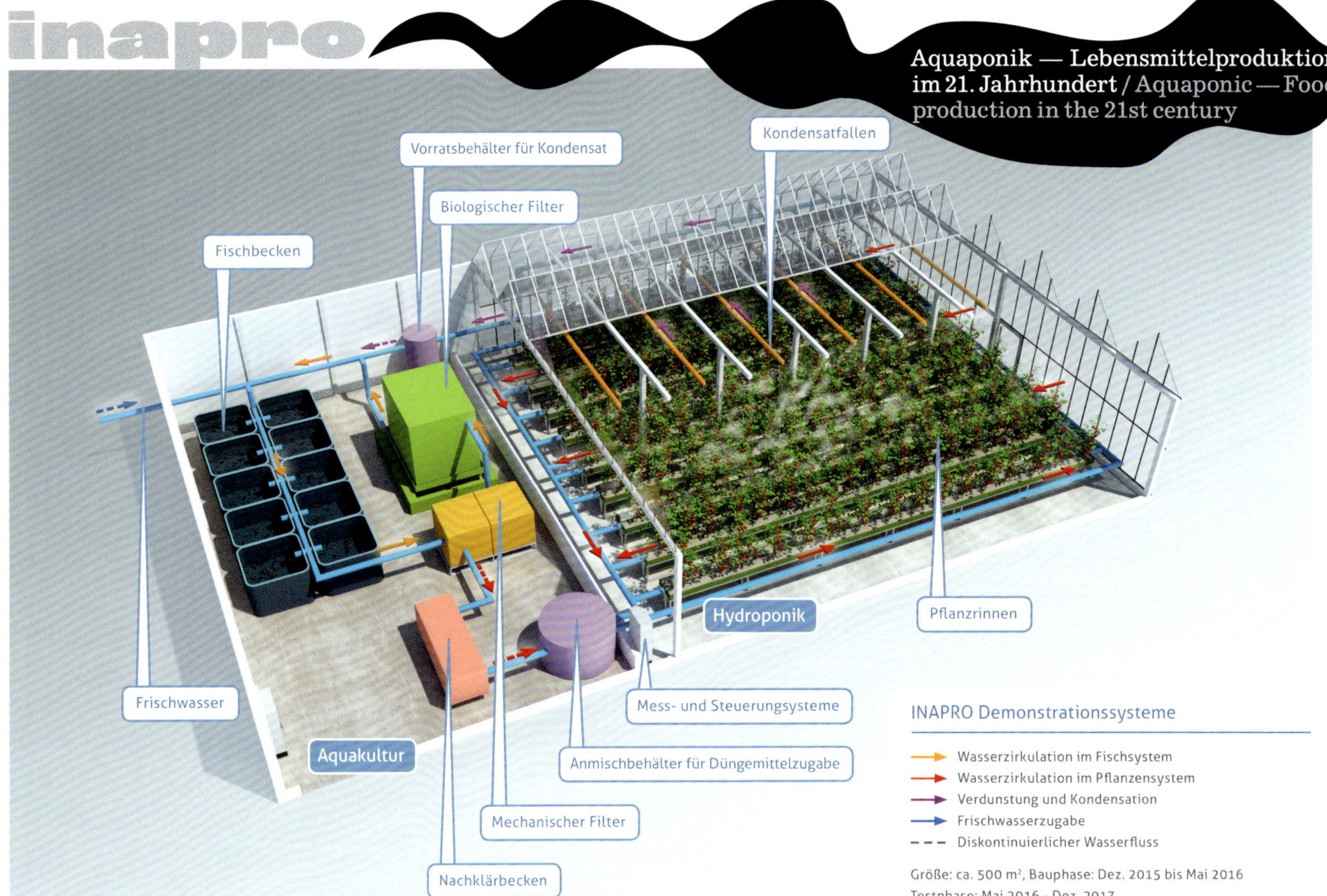

Technisch komplex und ökologisch nachhaltig — die im EU-Projekt *INAPRO* weiterentwickelte Aquaponiktechnologie des Leibniz- Institutes für Gewässerökologie und Binnenfischerei (IGB) ermöglicht eine Nahrungsmittelproduktion, bei der Aquakultur (Fischproduktion) und Hortikultur (hydroponischer Gemüseanbau) sozusagen unter einem Dach erfolgen. Beide Bereiche profitieren dabei voneinander und können somit besonders ressourcenschonend produziert werden. Die grundsätzliche Idee hinter der Aquaponik ist die Nutzung des Fischwassers inklusive aller Fischausscheidungen und Futterreste als Nährstoffe für die Pflanzenproduktion, wodurch sich der Abwasseranteil aus der Fischproduktion auf ein Minimum reduziert. Zugleich ist weniger Mineraldünger für die Pflanzen erforderlich, da das Fischwasser Stoffwechselprodukte der Tiere und damit bereits wichtige Pflanzennährstoffe enthält. Anders als bei herkömmlichen Aquaponiksystemen wird ein neues Kopplungsprinzip verwendet, das den Pflanzen die Nährlösung nach Bedarf zur Verfügung stellt und aufgefangenes Transpirationswasser der Pflanzen in den Fischkreislauf zurückführt. Damit lassen sich die unterschiedlichen Produktionsbedingungen für eine Art optimieren, ohne die jeweilig andere Art zu beeinflussen. Dieser Wasserkreislauf kommt mit weniger als 3% des Anlagenvolumens pro Tag an Frischwasser aus, eine erhebliche Einsparung, auch der Energieeinsatz wird dadurch deutlich reduziert. Das System funktioniert vom Regentonnen-Format bis hin zur Großfarm. So ergeben sich vielfältige Anwendungsmöglichkeiten: Hobby-Kleinanlagen, Anlagen auf Dachterrassen und in Hinterhöfen, kommerzielle städtische Farmen oder Großanlagen im ländlichen Raum. Im Vergleich zu anderen Produktionsmethoden für tierisches Eiweiß kommt ein *INAPRO*-Aquaponiksystem mit deutlich weniger Ressourcen aus. Es eignet sich daher besonders für die Produktion in urbanen Räumen und kann diese nachhaltig mit regionalen und gesunden Nahrungsmitteln versorgen, ein Ansatz der im transnationalen Projekt *CITYFOOD* weiter untersucht wird.

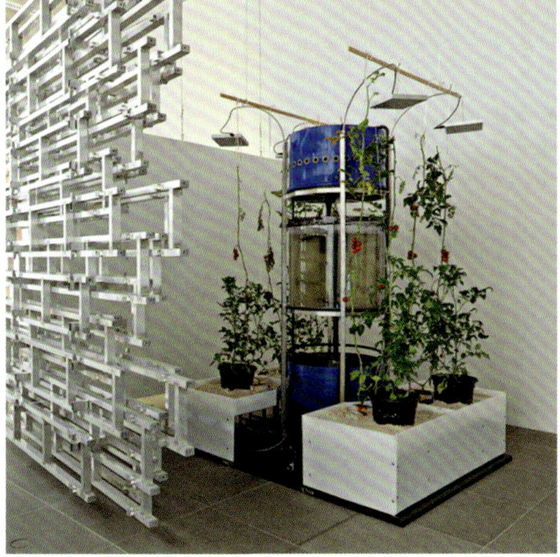

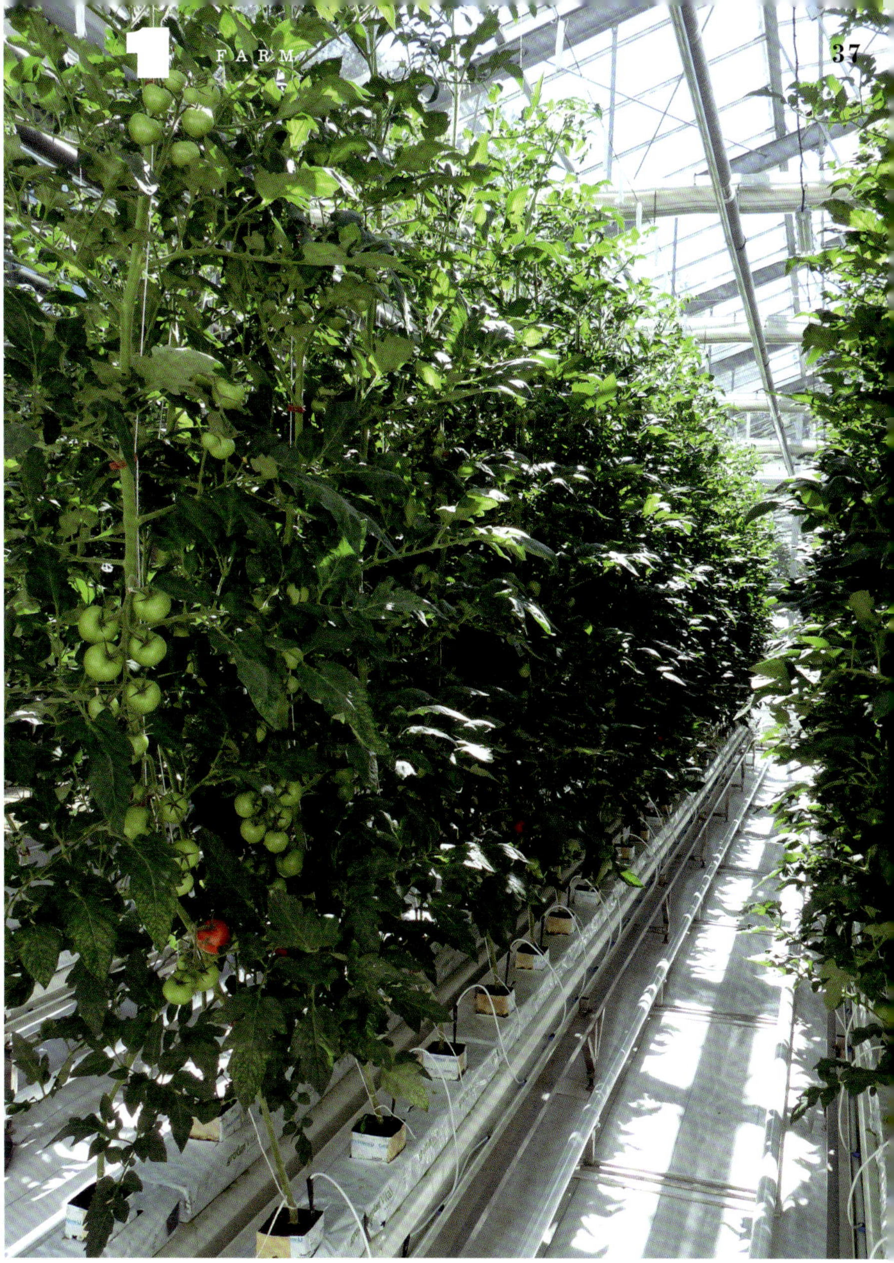

Technical complex and ecological sustainable — the advanced aquaponics technology *INAPRO* of the Leibniz Institute of Freshwater Ecology and Inland Fisheries (IGB Berlin) enables a food production that couples aquaculture (fish production) and horticulture (vegetable production) in one system. The fish and the plants mutually benefit from each other and can therefore be produced in a very resource saving manner. The fundamental idea behind aquaponics is to use all waste products from an aquaculture system — such as faeces and carbon dioxide from fish breeding — as nutrients in vegetable production. A closed system will ideally be created that operates in a nearly emission-free manner. In contrast to conventional aquaponic systems a new coupling system is used that automatically adjusts the amount of transfer water to fit the plants actual water requirements and regains the evaporated water from the greenhouse via cooling traps returning it into the fish tanks. This optimizes the production conditions for fish and plants without influencing the respective other production unit. The daily need for freshwater can be reduced to less than three percent of the system's total volume which additionally saves energy. The *INAPRO* system has been conceived to be scalable and adaptable to different sizes and locations from rural large-scale agricultural facilities to small urban farming installations such as hobby driven systems, roof-top farms and commercial urban production. Compared to other production methods for animal protein *INAPRO* aquaponics operates with fewer resources and is therefore suitable for the production in urban areas to provide cities with regional, healthy and sustainable food, an approach which will be further investigated in the transnational *CITYFOOD* project.

mint engineering gmbh
algenreaktor

Algae Bioreactor

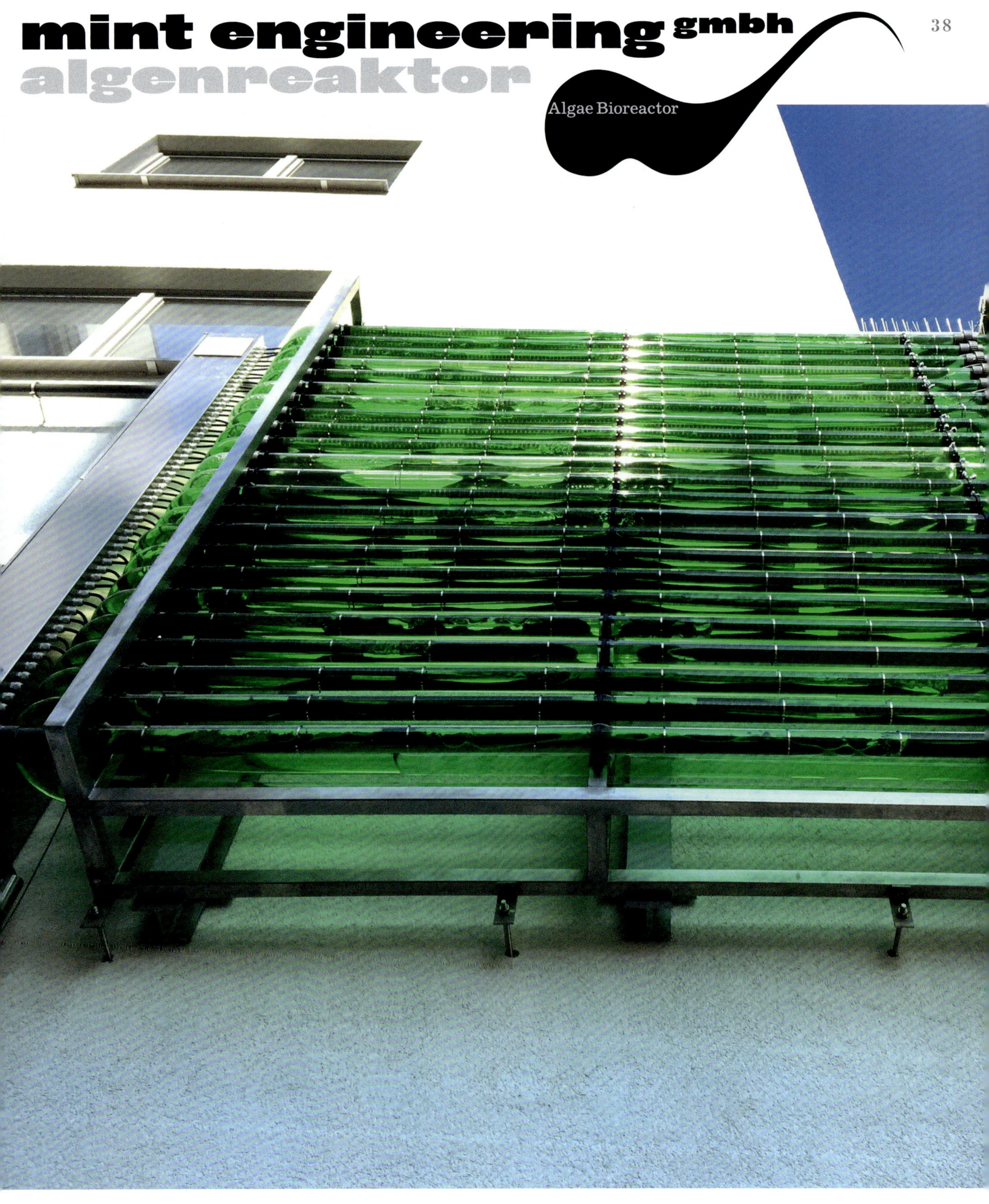

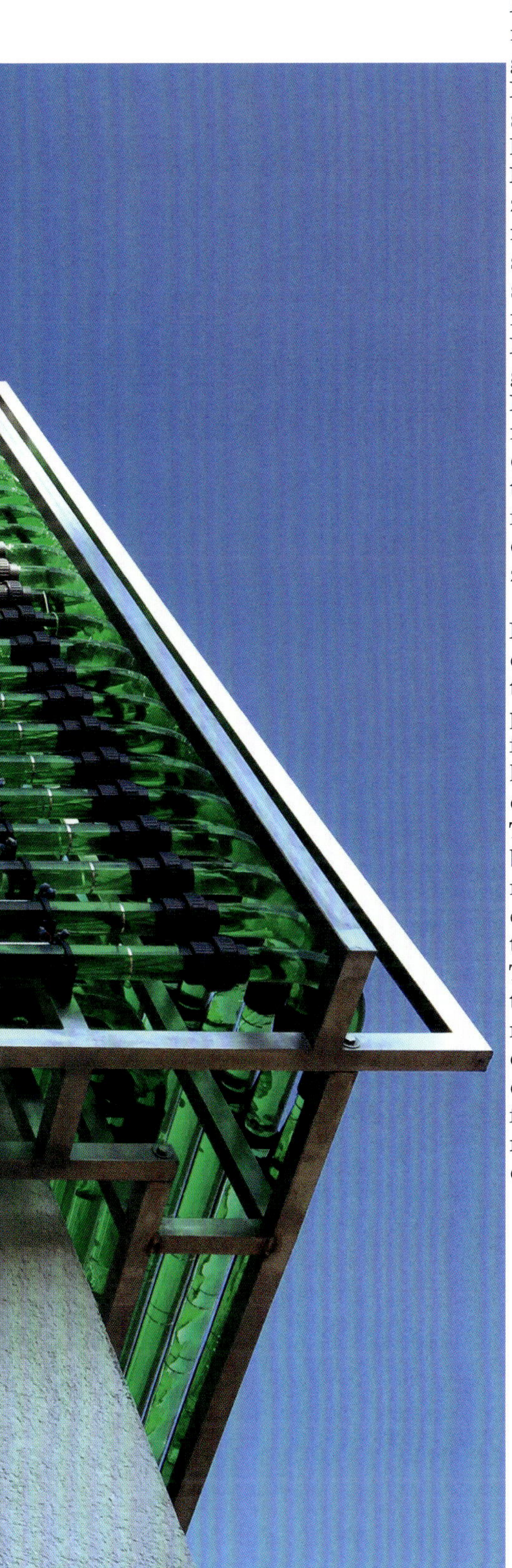

Die im Wasser lebenden Mikroalgen sind meist einzellige, winzig kleine Organismen. Für ihr Wachstum benötigen sie Wasser, CO_2 sowie Sonnenlicht. Im Gegenzug produzieren sie Sauerstoff und Kohlenstoffverbindungen wie Zucker. Diese grünen Kraftpakete sind die Rohstoffquelle der Zukunft und Ausgangsstoff vieler wichtiger Substanzen, zum Beispiel von hochwertigem Eiweiß, Kohlenhydraten und Omega-3-Fettsäuren. Ihre Biomasse findet Verwendung in der Nahrungsmittel-, Kosmetik- und Energieindustrie. Schon heute kommen sie in zahlreichen Produkten vor, die jeder kennt: Gummibärchen, Pudding, Limonaden etc. MINT Engineering GmbH ist Anbieter von Photobioreaktoren für solche Mikroalgen. Das Unternehmen deckt mit Algenanlagen zur ökonomischen Produktion, urbanen Anlagen sowie gebäudeintegrierten Anlagen für neuartige Raum- und Verwertungskonzepte ein breites Spektrum ab.
Der Reaktor mit 20 Litern Wasservolumen ist nach einem Kreislaufsystem aufgebaut (Airlift-Prinzip): Die grüne Algensuspension in den Röhren wird mit Luft begast. Die Luftblasen steigen langsam auf, verhindern so ein Sedimentieren der Algen und sorgen für den Gasaustausch. Durch die Luftzufuhr steigt der Wasserstand im aufsteigenden Rohr langsam an, bis das Wasser den obersten Punkt erreicht und von dort zurück in einen senkrecht angeordneten Tank fließt. In diesem Reaktor kann eine Wachstumsrate von *Chlorella vulgaris* von ca. einem halben Gramm pro Liter pro Tag gewährleistet und somit pro Tag zehn Gramm trockenes Algenpulver gewonnen werden.

For the most part, the microalgae that live in water are extremely tiny, singlecelled organisms. For their growth, they require water, CO_2, and sunlight. In return, they produce oxygen and carbon compounds such as sugar. These green powerhouses are the raw material source of the future, and the parent material for many vitally important substances, among them high-quality protein, carbohydrates, and omega-3 fatty acids. Their biomass finds application in the production of foodstuffs and cosmetics and in the energy industry, for example. They are present already in many products that are familiar to all of us: gummy bears, puddings, lemonade, etc. MINT Engineering GmbH supplies photobioreactors for such microalgae. The operation covers a broad spectrum: algae facilities for economic production, urban complexes, as well as building-integrated facilities for innovative spatial and recycling concepts.
The reactor, which holds 20 liters of water, is structured according to a circulation system (the airlift principle): the green algae suspension in the tubes is aerated. The air bubbles rise slowly, preventing sedimentation of the algae and ensuring gas exchange. Through the air intake, the water level in the ascending tube rises slowly until the water reaches the highest point, from which it flows back into a perpendicular tank. The reactor achieves a reliable growth rate for *Chlorella vulgaris* of ca. 0.5 grams per liter daily, i.e. a daily production of 10 grams of dried algae powder.

dan bossin & tony pilz

plantboy

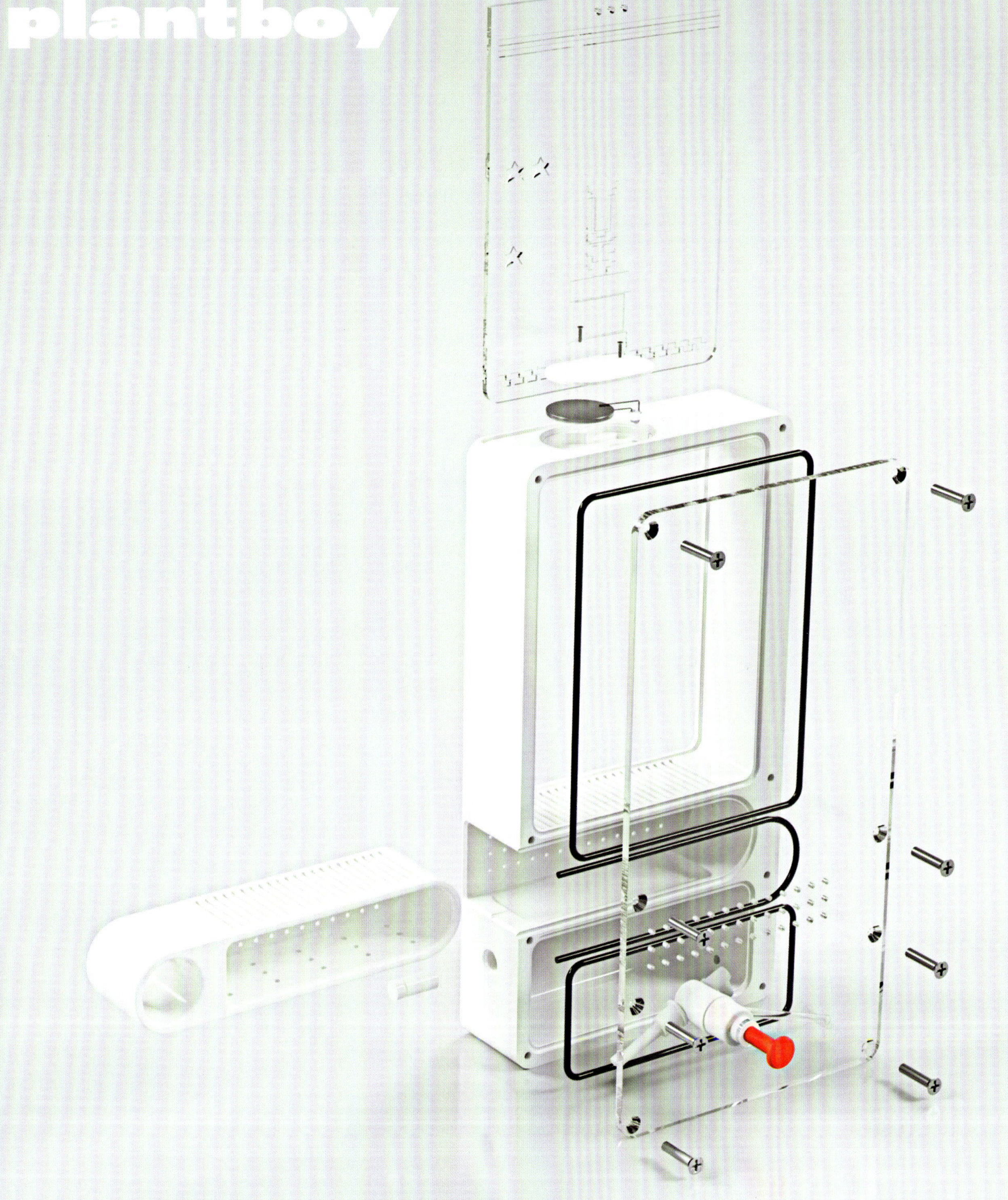

Der *Plantboy* ist eine Anlehnung an den Gameboy, der in den 1990er Jahren die Ära der portablen digitalen Spiele begründet hat. Seine Handlichkeit und Größe sowie die klare Gestaltung erinnern an alltägliche Begleiter wie Smartphones, seine spiegelnde Oberfläche lässt an Touchscreens denken. Durch klare Linien und die großflächige Transparenz kommt dem Hauptdarsteller, der Pflanze, eine besondere Aufmerksamkeit zu.

Der *Plantboy* zielt darauf ab, das Interesse für die Natur, das Wachstum, die Vielfalt und den Geschmack von Pflanzen zu wecken. Es geht um das stetige Beobachten und das Verstehen, wie Prozesse in der Natur ablaufen. Das Produkt soll dazu anregen, seinen Alltag zu entschleunigen. Denn das Wachstum der Wurzeln, der ersten Keimblätter bis hin zur reifen Pflanze, benötigt Zeit. So werden auch Werte, wie beispielsweise Geduld, vermittelt. Der *Plantboy* soll eine neue Nähe zu Pflanzen schaffen und einen Schritt weg von der Digitalisierung unserer Welt ermöglichen. Dadurch entsteht ein neues Gefühl der Wertschätzung für unsere Natur und eine neue Motivation, sich mit ihr zu beschäftigen. Der Nutzer soll einerseits Grundstrukturen des Pflanzenaufbaus lernen, zugleich aber auch die Möglichkeit haben, Besonderheiten verschiedener Arten entdecken zu können. Der *Plantboy* ist eine spielerische Option, sich der Natur wieder neu zu nähern. Das Spiel jeden Tag in die Hand zu nehmen, die Pflanze zu gießen und den Fortschritt zu beobachten — wann ist man der Natur im Alltag sonst so nah?

The name *Plantboy* is an allusion to the Gameboy, which ushered in the era of portable digital gaming during the 1990s. Its handiness and size, as well as its clear design, recall everyday accessories such as the Smartphone, its mirrored surface is reminiscent of a touchscreen. The lucid lines and expensive transparent surface draw our attention toward the main protagonist, namely plant life.

The aim of this project is to arouse greater interest in the nature, growth, diversity, and flavors of various plants. It facilitates the continuous observation of natural processes while fostering their enhanced understanding. The product is intended as a stimulus to deceleration in everyday life — it requires time for the growth of roots, of the initial cotyledons (seed leafs), to give rise to a mature plant. Conveyed in the process are certain values, i.e. patience. *Plantboy* will hopefully engender a new closeness to plant life, while leading away from the total digitalization of our contemporary world. It encourages a new sensibility and appreciation for nature, and a renewed sense of involvement with it. Users have an opportunity to master the basics concerning the formation and structure of plants, while at the same time exploring the peculiarities of the various species. *Plantboy* is a playful option for reestablishing a sense of closeness to nature. Users can engage daily in the game, watering the plants and observing their progress — where else in daily life are we so close to nature?

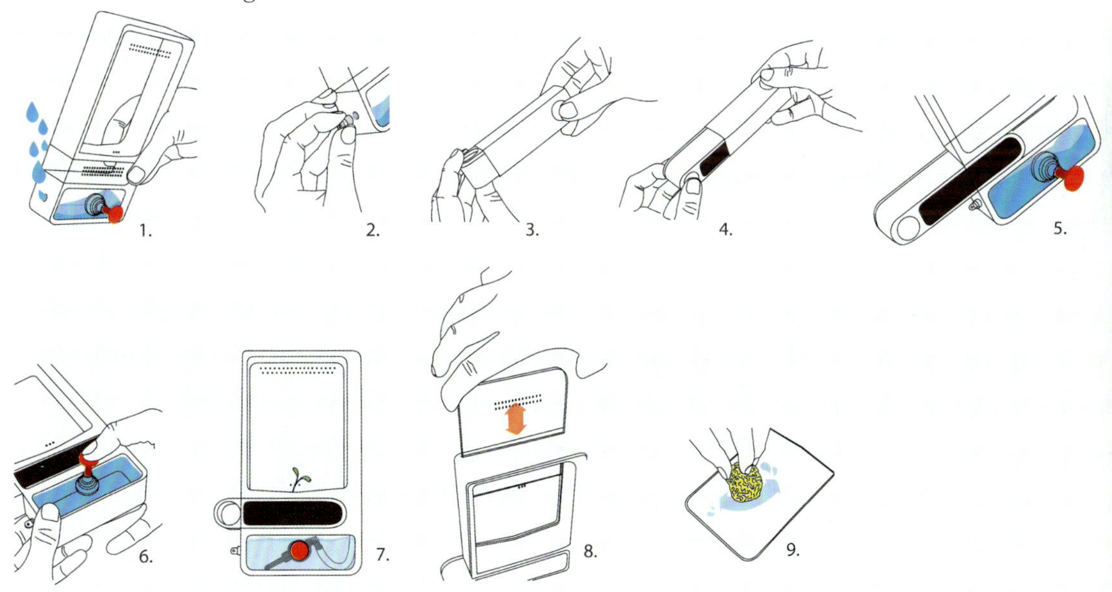

1. Wasser in den Tank einfüllen
2. Tankloch mit Stöpsel verschließen
3. Kartusche mit Erde und Saatgut entpacken
4. Behutsam aus der Verpackung entnehmen
5. Kartusche in die Öffnung des Planboy schieben.
6. Taster drücken um die Erde zu befeuchten
7. Zum Gießen der Pflanzen regelmäßig den Taster betätigen
8. Die Spielscheibe nach oben schieben...
9. ...und mit dem Schwamm reinigen

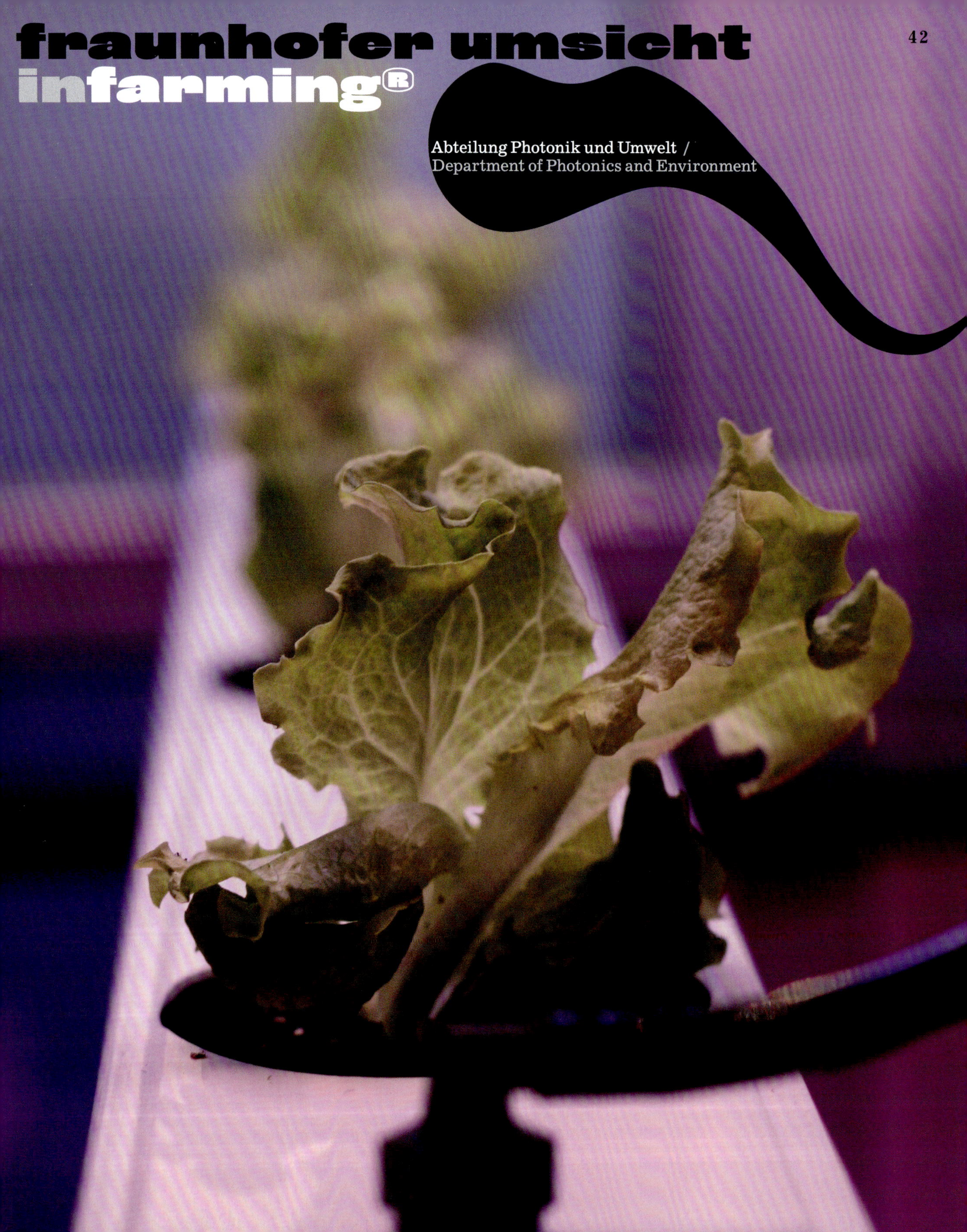
fraunhofer umsicht
infarming®
Abteilung Photonik und Umwelt /
Department of Photonics and Environment

inFARMING® zielt darauf, vorhandene Technologien zu Gewächshäusern mit neuen Konzepten, innovativer Prozesstechnik und Materialforschung zu verbinden, um den spezifischen Anforderungen gebäudeintegrierter Landwirtschaft zu begegnen und technisch, ökonomisch und ökologisch vorteilhafte Umsetzungen zu entwickeln und zu realisieren. Der Anbau in speziellen — in Ballungszentren integrierten — Gewächshäusern, stellt eine ressourcenschonende und flächeneffiziente Möglichkeit des Gartenbaus dar. Das Forschungsvorhaben *inFARMING*® konzentriert sich auf die Nutzung von bestehenden Dächern und Fassaden. Die integrierte Produktion von Lebensmitteln in der Stadt unter Nutzung der Stoffkreisläufe eines bestehenden Gebäudes, senkt den Energieverbrauch, die Kohlenstoffdioxidemissionen und den Ressourcenverbrauch bei der Lebensmittelerzeugung. Hierbei gewinnen hydroponische Systeme, bei denen die Pflanzen nicht in einem Substrat wachsen, sondern die Wurzeln frei in einem Rinnensystem mittels einer Nährstofflösung versorgt werden, zunehmend an Bedeutung. Der Nährstoffbedarf der Pflanzen kann so ressourcenschonend optimal gedeckt werden. Die Belichtung der Pflanzen erfolgt über energiesparende LED-Module, die ausschließlich die für Pflanzen relevanten Lichtfarben abgeben. Der Ertrag der Pflanzenproduktion ist somit unabhängig von der Jahreszeit und von der Anbauregion. Ende 2018 wird das Konzept erstmalig in Deutschland umgesetzt.

The aim of *inFARMING*®, based on the principle of indoor farming, is to bring together existing technologies to create greenhouses based on new concepts, innovative process technology, and material research in order to satisfy the requirements of building-integrated agriculture while developing and realizing applications that are beneficial in technological, economic, and ecological terms. Cultivation in special greenhouses that are integrated into population centers represents a horticultural option that uses both resources and space efficiently. The research project *inFARMING*® focuses on the utilization of existing roofs and façades. The integrated production of foodstuffs in cities, which exploits the material cycles of existing buildings, reduces energy and resource usage, as well as carbon dioxide emissions. Acquiring greater significance in this context is the use of hydroponics systems: here, the plants do not grow in a substrate; instead, their roots, which remain free, are nourished through a channel system by means of a nutrient solution. In this way, the nutritional requirements of the plants are met in an optimal way that conserves resources. The plants are illuminated by an energy-efficient LED module that admits only light colors that are relevant to plant growth. In this way, plant yields become independent of the season and the region of cultivation. This concept will be implemented in Germany for the first time in late 2018.

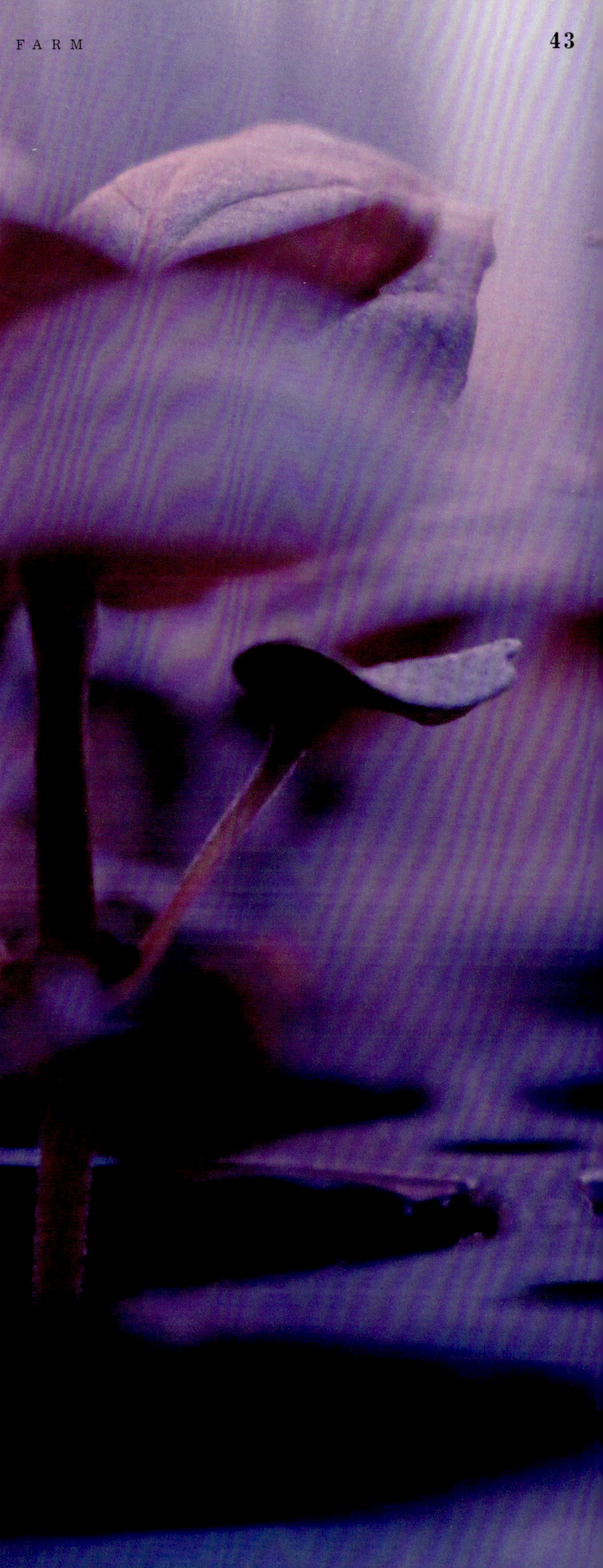

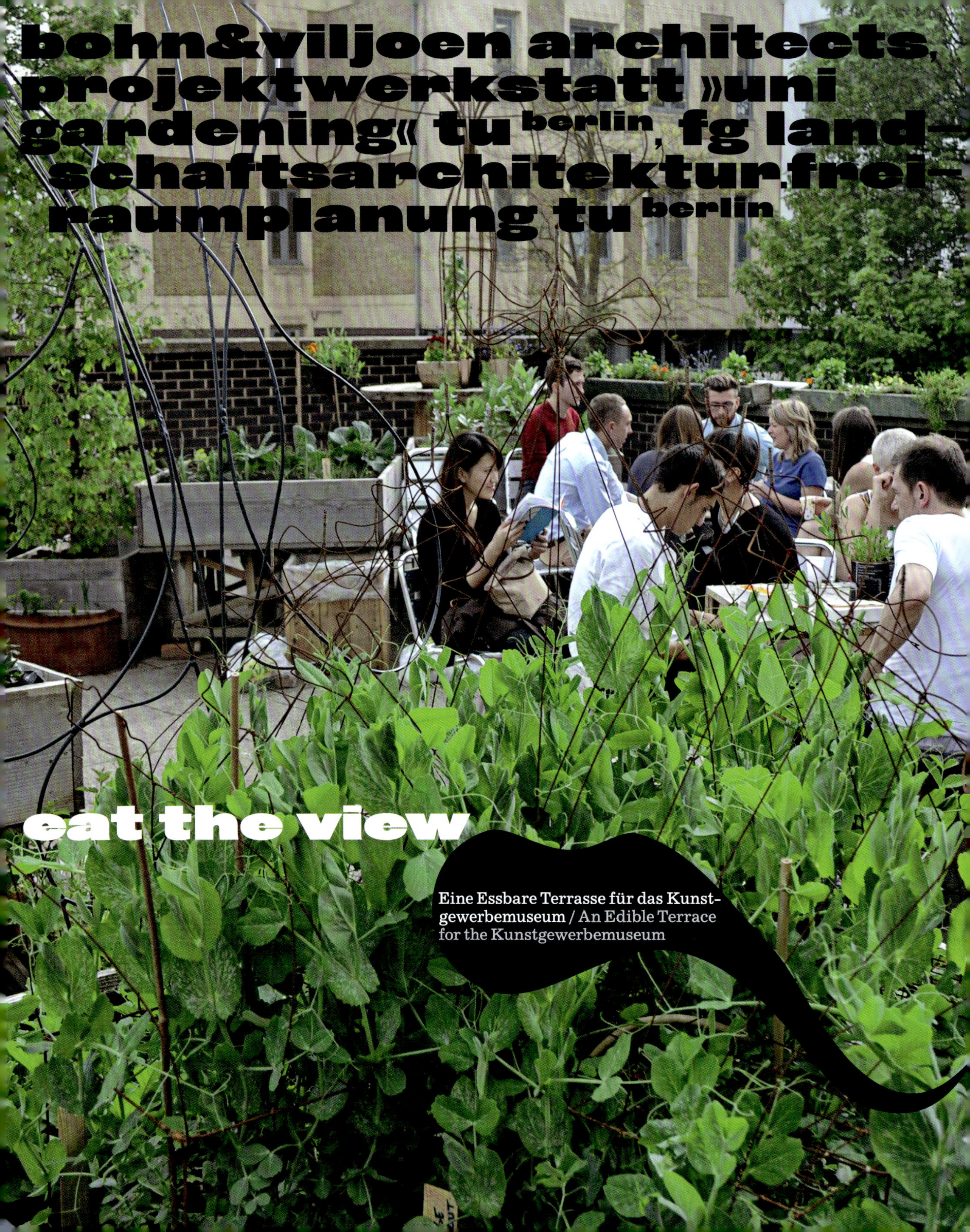

bohn&viljoen architects, projektwerkstatt »uni gardening« tu berlin, fg landschaftsarchitektur.freiraumplanung tu berlin

eat the view

Eine Essbare Terrasse für das Kunstgewerbemuseum / An Edible Terrace for the Kunstgewerbemuseum

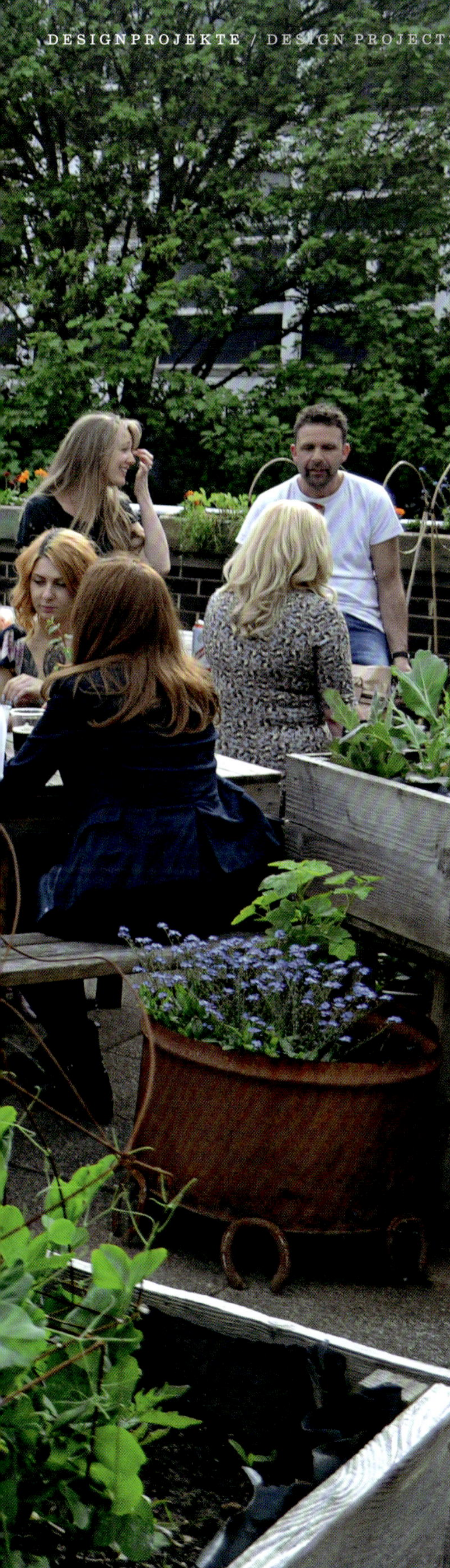

Als der Architekt Hans Scharoun um 1960 seinen Masterplan für ein Kulturforum im Zentrum des zerstörten Berlins vorlegte, sprach er von einer Stadtlandschaft aus vielfältigen Gebäuden und Freiräumen: Offenheit, Kontraste und Widersprüche als »Gegenbilder zur überwundenen faschistischen Ordnung; Landschaftlichkeit als Metapher für Freiheit«[1], für neuartige Nutzungen und unterschiedliche Menschen. Ein Neubeginn.

Die West-Terrasse des Kunstgewerbemuseums ist ein kleiner Teil dieser Stadtlandschaft. Allerdings lud sie bisher nicht zur Nutzung ein. Man könnte sogar sagen, dass viele Bereiche der Scharounschen Stadtlandschaft, so wie sie sich heute darstellt, nicht zur Nutzung einladen. Sie war als »strukturelle Analogie zu den Elementen, Kräften und Gliederungen der Natur« gedacht: die Staatsbibliothek »wurde zum Bergrücken, der Kammermusiksaal zum Hügel [...] und die Potsdamer Straße zu einem Tal«[2]. Das einzige, was dieser Vision fehlte, war Natur: Pflanzen und Tiere. Und Menschen.

EAT the VIEW ist zum einen ein Nutzgarten, der die vernachlässigte und vergessene Terrasse aufwertet und zu einem Ort macht, den man genießen kann: Man kann in ihm sitzen, von ihm essen, ihn riechen und anfassen; man kann ihn auch einfach nur ansehen. Zum anderen aber ist *EAT the VIEW* ein Samenkorn: Um das Jahr 2000 begannen Bohn&Viljoen Architects das Konzept der *Produktiven Stadtlandschaft (Continuous Productive Urban Landscape, CPUL)* zu entwickeln. In dieser Vision produzieren urbane Bäuer*innen in ausgewählten städtischen Bereichen Gemüse, Kräuter, Salate und Obst. So wird sich von der West-Terrasse des Kunstgewerbemuseums aus im gesamten Bereich des Kulturforums eine *Produktive Stadtlandschaft* entwickeln, die neuartige Nutzungen und unterschiedliche Menschen zusammen bringen wird: ein Ort der Kontraste und Offenheit. Ein Neubeginn.

Around 1960, when the architect Hans Scharoun presented his masterplan for a Culture Forum at the center of a devastated Berlin, he spoke of an urban landscape composed of a multitude of buildings and open spaces: openness, contrast, and contradiction as »counterimages to a vanquished fascist order; landscape elements as a metaphor for freedom,«[1] for innovative forms of use and for a diverse people. A new beginning.

The western terrace of the Kunstgewerbemuseum is but a tiny portion of this cityscape. And up to this point, has not exactly been inviting regarding use. One could even say that many areas of Scharoun's urban landscape, as they appear today, are inhospitable to practical utilization. They were conceived as »structural analogies to the elements, forces, and formations of nature«: the Staatsbibliothek (State Library) »became a mountainous ridge, the Kammermusiksaal (Chamber Music Hall) a hill [...] and Potsdamer Straße a valley.«[2] The only thing missing from this vision was nature: plants and animals. And people.

EAT the VIEW is first of all a kitchen garden that upgrades this neglected and forgotten terrace, transforming it into a place that can be enjoyed: now, people can sit in the garden, dine from it, savor its aromas, touch its bounty — or simply enjoy taking in the view. But secondly, *EAT the VIEW* is a germinal seed: around the year 2000, Bohn&Viljoen Architects began to develop the concept of the *Continuous Productive Urban Landscape (CPUL)*. According to their vision, urban farmers will cultivate vegetables, herbs, salad greens, and fruits at selected urban areas. Spreading through the overall territory of the Kulturforum, with a point of departure in the western terrace of the Kunstgewerbemuseum, will be a *Productive Urban Landscape* that will incorporate innovative functions and involve different types of people: a place of contrasts and of openness. A new beginning.

(1) http://www.stadtentwicklung.berlin.de/planen/staedtebau-projekte/kulturforum/de/geschichte/1945_bis_1989/stadtlandschaft/index.shtml.

(2) https://www.preussischer-kulturbesitz.de/newsroom/dossiers-und-nachrichten/dossiers/dossier-kulturforum/unvollendet-die-vision-kulturforum.html.

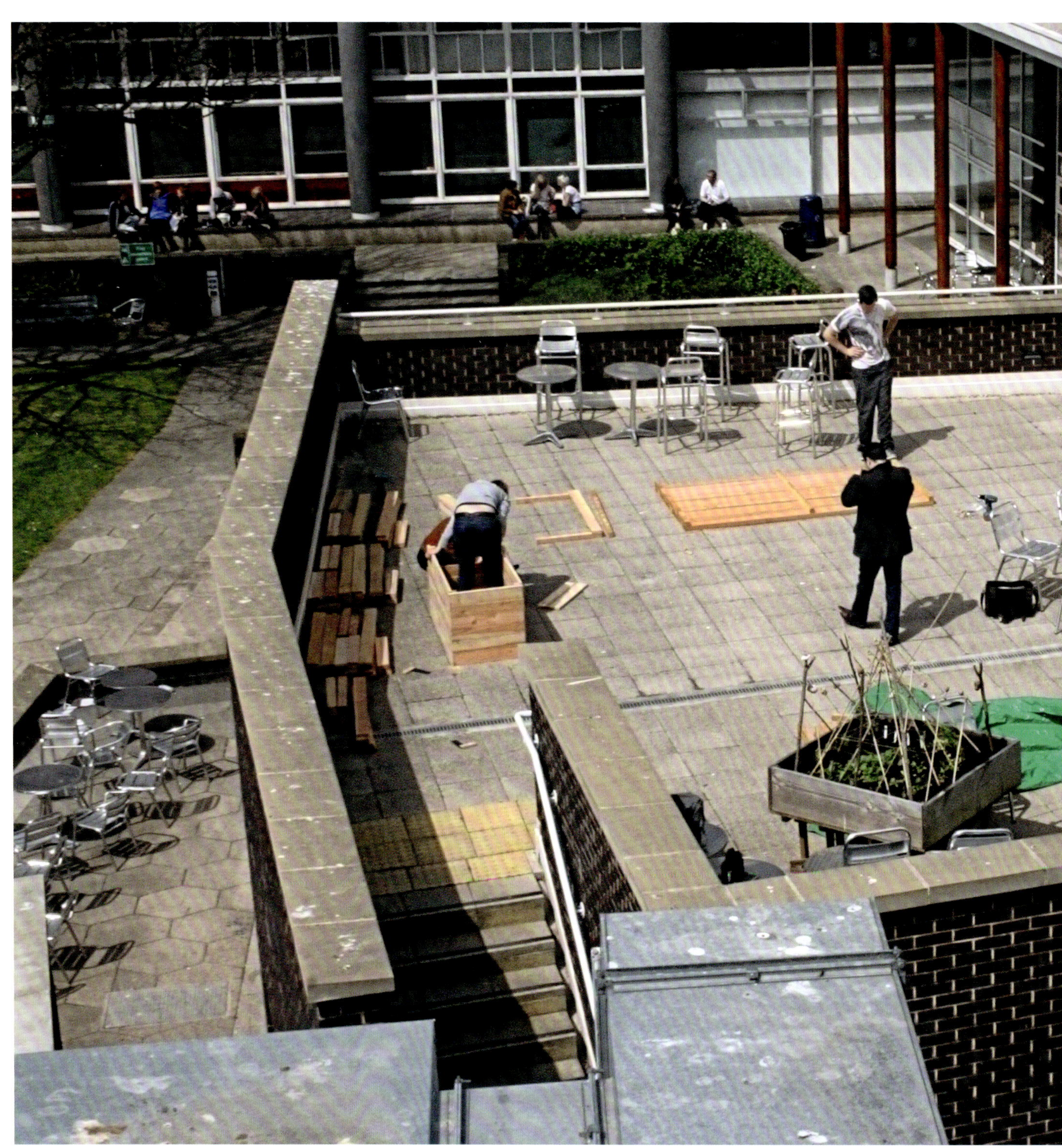

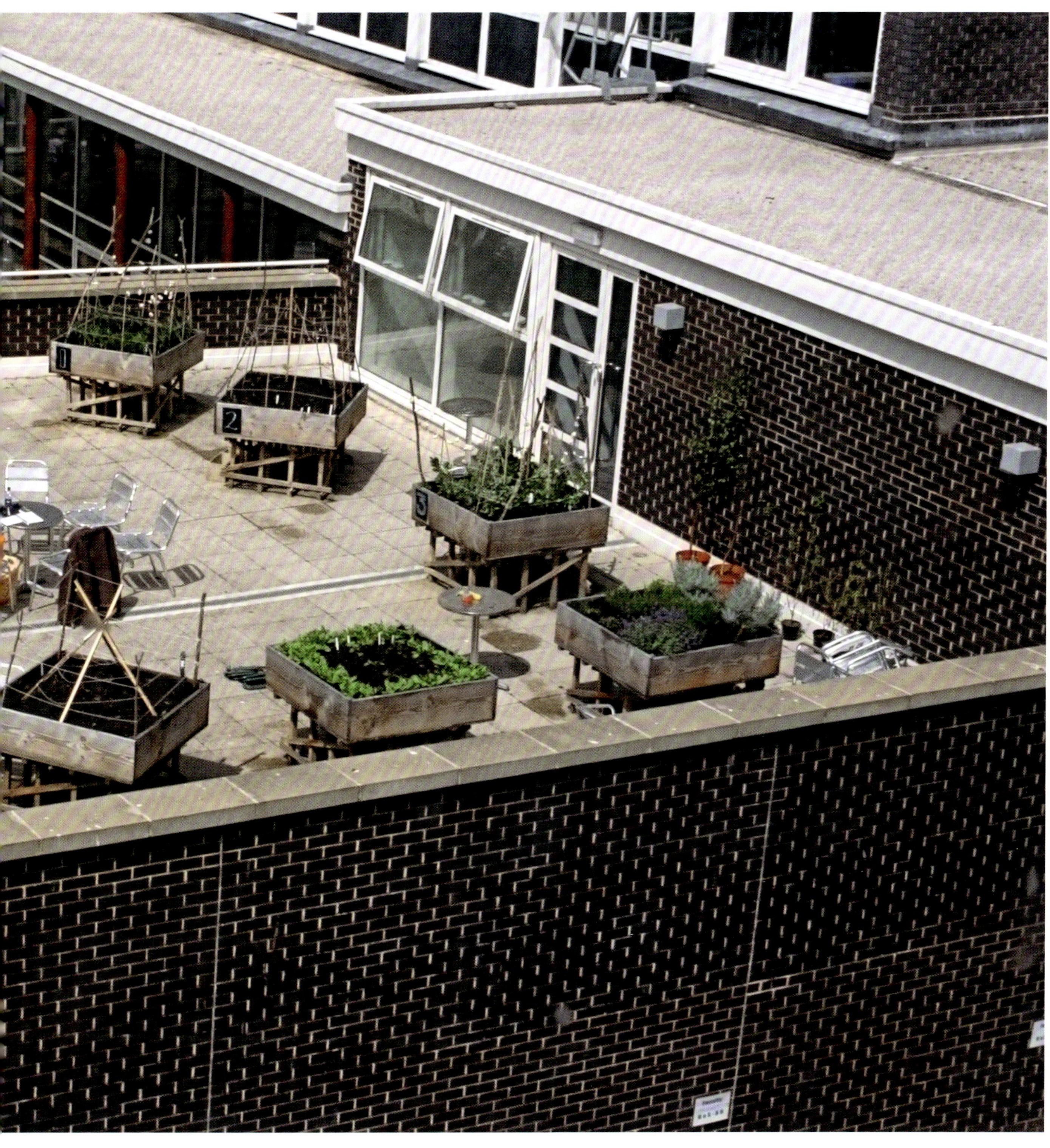

bee collective
sky hive solar

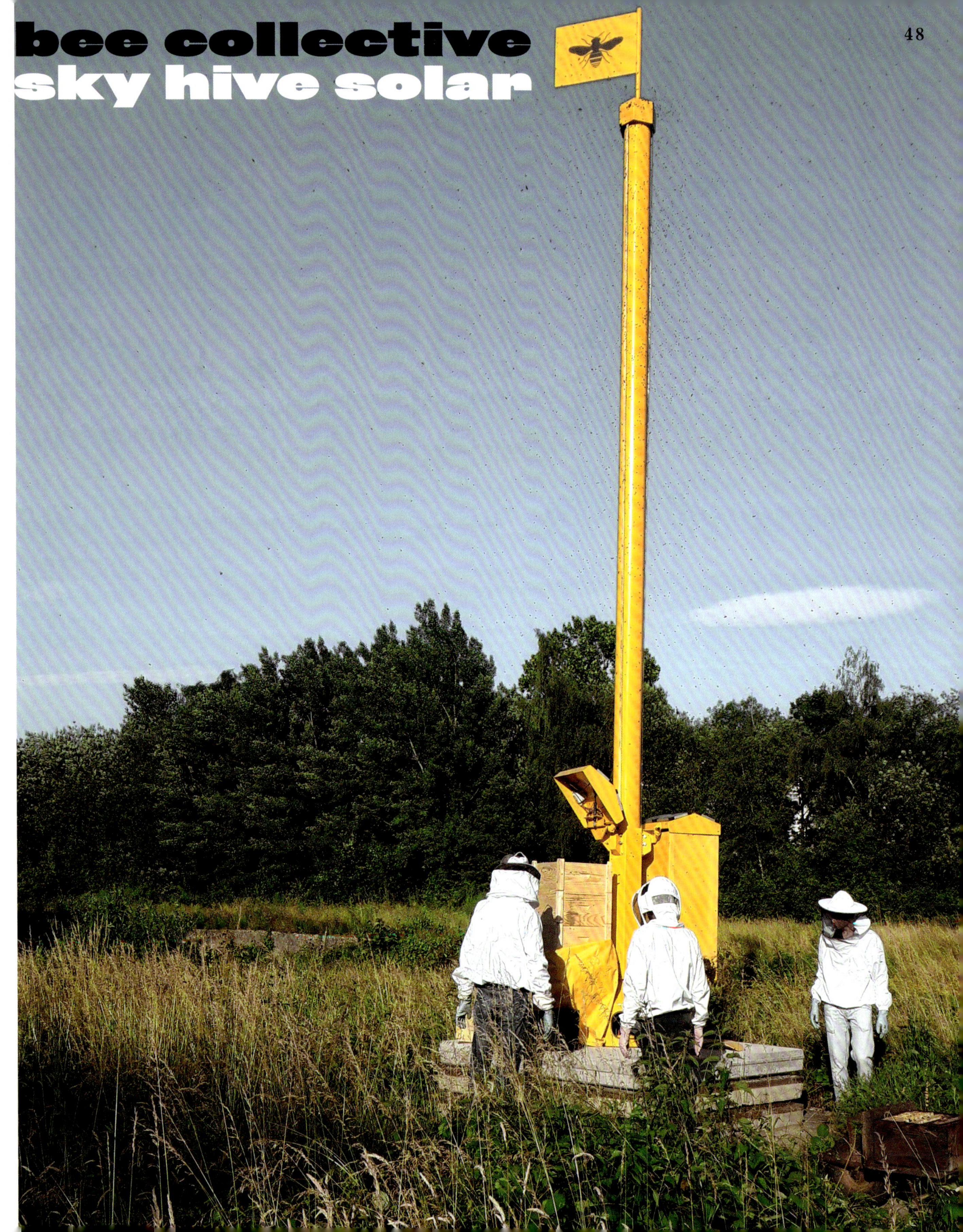

Bee Collective ist eine Kooperation von Imkern und Designern, die in unserem gegenwärtigen Lebensumfeld zur Bienenhaltung anregen und diese ermöglichen wollen. Das Kollektiv, das an einem breiteren Verständnis für die Funktion und Funktionsweise von Bienen arbeitet, führt die nächste Generation von Imkern in einem Netzwerk zusammen und lädt Menschen ein, selbst Bienenzüchter zu werden. Bienen sind wichtig für unsere Existenz, denn sie bestäuben über 60% unseres Obstes und Gemüses. Doch Honigbienen machen gerade eine schwere Zeit durch. Überall in der Welt verschwinden und sterben derzeit ganze Kolonien. Da sich viele Menschen heute vor Bienen fürchten und sich über ihre Nützlichkeit nicht im Klaren sind, ist es wichtig, Wissen über Bienen und Bienenhaltung innerhalb der Bevölkerung städtischer Gebiete zu vermitteln. Indem man Bienen sichtbar macht, sie aber zugleich in einem sicheren Abstand hält, können Menschen sich an sie gewöhnen, ohne zu riskieren, von ihnen gestochen zu werden. Die Antwort des Bee Collective auf die Bienenhaltung in städtischen Gebieten ist der *Sky Hive*: ein Pfosten, auf dem sich zwei Bienenkörbe befinden, die hoch- und heruntergehoben werden können. Wenn sich die Bienenkörbe unten befinden, können die Imker sich um die Bienen kümmern, wenn die Körbe wieder oben auf dem Pfosten sind, sind die Bienen vor Vandalismus sicher und die Öffentlichkeit ist vor ihren Stichen geschützt. Imker der nächsten Generation aus der jeweiligen Gemeinschaft kümmern sich um die Bienen, indem sie in Gruppen zusammenarbeiten und die Verantwortung für die Bienen übernehmen. Ein erfahrener Imker fungiert als Mentor und hilft den neuen Bienenzüchtern dabei, sich in der Praxis zu bewähren und ihre Kenntnisse zu erweitern. Indem der *Sky Hive* an einem öffentlichen Ort aufgestellt wird, wird die Bienenzucht allen zugänglich gemacht. Jede und jeder Interessierte kann die Treffen besuchen, die Arbeit der Imker beobachten oder mitmachen und Verantwortung für die Bienen übernehmen.

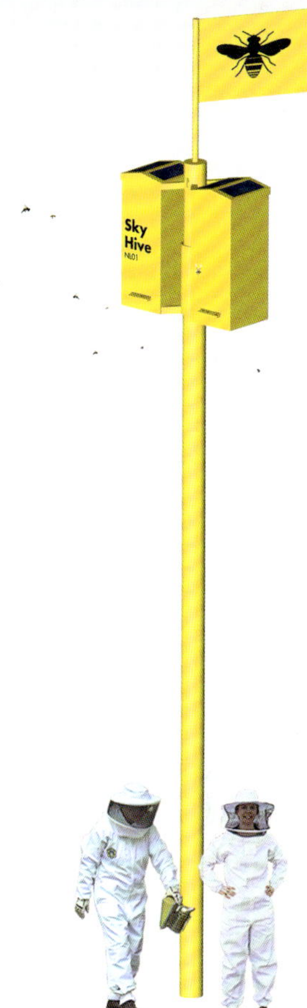

Bee Collective is a cooperation of beekeepers and designers searching for new ways to stimulate and enable beekeeping in a contemporary living environment. The collective works for a broader understanding of the function and functioning of bees brings together next generation beekeepers in a network and invites people to become a beekeeper. Bees are vital to our existence as they pollinate about 60% of our fruit and vegetables. But honeybees are going through a very rough time. Worldwide entire colonies are disappearing and dying.

As many people today are afraid of bees and not aware of their usefulness, it is important to pass on knowledge of bees and beekeeping to the whole range of the population in urban areas. By making them visible and at the same time keeping them at a safe distance, people can get accustomed to them without the risk of being stung. Our answer to keeping bees in urban areas is the *Sky Hive*, a pole with two beehives on it, which can be lifted up and down. When the hives are down, the beekeepers can take care of the bees. When the bees are back up on the pole, they are safe from vandalism and the public is protected from being stung. The bees are being taken care of by next generation beekeepers from the surrounding community, who work in groups and share the responsibility for the bees. An experienced beekeeper is assigned as a trouble shooter to guide the new beekeepers, who take care of the bees ›learning by doing‹. By placing the *Sky Hive* in a public place, beekeeping is made accessible to all. Everybody interested can attend the meetings, observe the work of the beekeepers or join in and take responsibility for the bees.

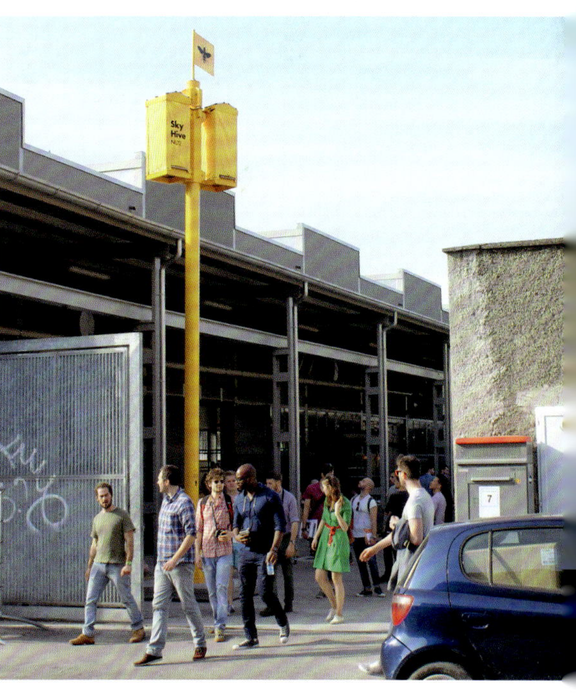

silke riechert störung im schlaraffenland

Disturbance in Paradise

Denk- und Spielraum zu Ernährung und Kritik / A Space for Thought and Play, Food and Critique

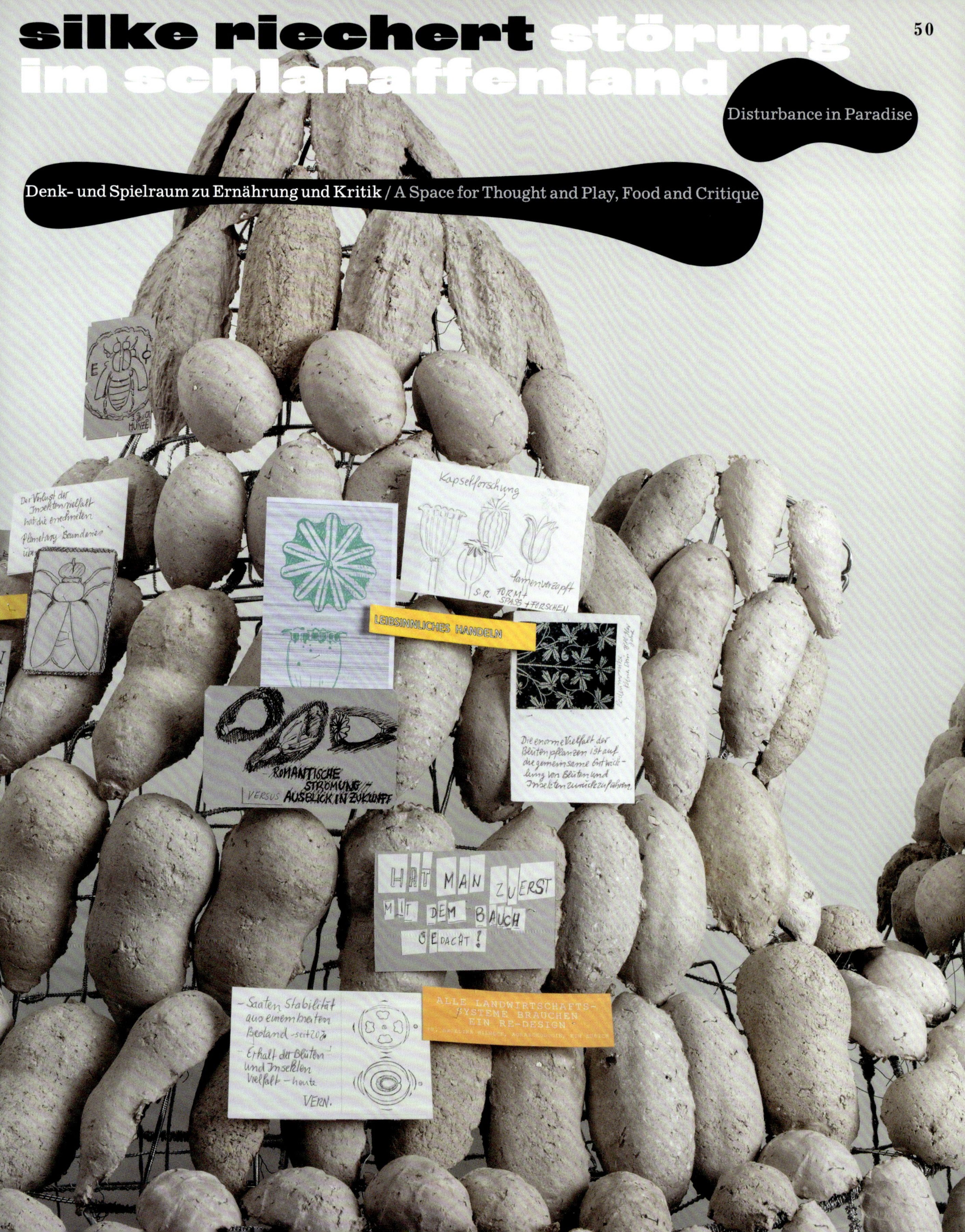

Gleich einer botanischen Sammlung von Gemüsen und Früchten aus Pappmaché-Formen ist *Störung im Schlaraffenland* eine Installation, die zum Mitdenken und Mitmachen einlädt. Sinnliches und Volumen verbinden sich mit dem Phänomen der Vielfalt von Blüten, Insekten und ihren Produkten, formschönen Früchten. Körperliches der Nahrungsmittelproduktion und Landwirtschaft ist mehr und mehr mit Robotern und Automatisierung verbunden. Diesen Kontrast macht sich die Arbeit zu eigen und verhandelt den Wunsch nach Unversehrtheit des Essens. Ein Denk- und Spielraum für Kinder wie Erwachsene wird mit Objekten, Zeichnungen und Zitaten bestückt. Künstlerisches Forschen und Formfinden ist das Anliegen der Arbeit. Die Installation ist nicht unberührbar, vielmehr können sich die Beteiligten in das Werk einschreiben. Die Arbeit erhält Unterstützung durch die Praxis aus Ernährungs- und Agrarwissenschaften, Soziologie und Biologie, eine Reihe von Interviews stellen hier Verknüpfungen her.

Beim Essen scheint der Bezug zum Körper und dem Objekt der kollektiven Herstellung direkt spürbar. In einer von körperlichem Handeln mehrfach entfremdeten Welt kommt dem Essen heute eine bemerkenswerte Bedeutung zu. Wir riechen, wir fassen pflanzliche Produkte an, beim Kochen verarbeiten wir sie zu schmackhafter Nahrung. Denken wir immer noch zuerst mit dem Bauch? Allerdings ist die Unversehrtheit unserer Nahrung unklar. Berge von Lebensmitteln im Supermarkt, die nicht duften und sinnlich wenig einladend sind, werden nicht gebraucht und weggeworfen. Die Ernährung der Zukunft fordert auf, sich mit dem Wandel von Massenproduktion und Fehlversorgung, hin zu Vielfalt, Sorgsamkeit und den nötigen »Resets von Agrarsystemen«[1] zu beschäftigen. Fortschritt ist ein Bewegungsbegriff, eine Verdichtung von anreichernden Erfahrungsprozessen, die Wandel entstehen lassen, so formuliert es die Philosophin Rahel Jaeggi.

In der Arbeit *Störung im Schlaraffenland* entwickelt sich das Wissen hin zu Formen der Einfachheit, zu ›Friss die Hälfte‹ und ›Schau, was es Einfaches und Leckeres‹ gibt. In der globalen Kulturgeschichte ist das lange schon vorhanden. Ein Anliegen ist auch, kindliches Handeln zu integrieren, im Besonderen sich des Faktors Zeit bewusst zu werden. Zeit haben, das Versunkensein und körperliches Erproben einer Sache sind Grundlage des kindlichen Gestaltens. Es findet sich im künstlerischen Arbeiten und im Zubereiten von Speisen ebenso wieder, wie wenn wir uns mit dem Erhalt von einfachen Ernährungstechniken beschäftigen.

Resembling a botanical collection of vegetables and fruits formed from papier-mâché, *Störung im Schlaraffenland* (disturbance in paradise) is an installation that elicits the viewer's critical input and active participation. The sensory aspect and volume are united with the phenomenon of the diversity of blossoms, insects and their products, i.e. fruits, with their beautiful forms. Increasingly, the bodily aspect of foodstuffs production and agriculture is associated with robotization and automatization. This project appropriates this contrast, negotiating the desire for integrity vis à vis food consumption. A space for thought and play for children and adults is opened up here, and is furnished with objects, illustrations, and citations. The aim of the project is artistic research and formal invention. The installation is not ›hands-off‹ — instead, participants are invited to have an impact. The project receives support in the form of the practical involvement of nutritional science and agriculture, sociology and biology; a series of interviews establishes useful interconnections.

In the act of consuming food, the relationship with the body and with the object of collective production becomes immediately perceptible. Today, in a world that is increasingly divorced from bodily action, the act of eating can be ascribed with a striking degree of significance. We savor the aromas of vegetable products, touch them; through cooking, we process them into palatable and savory nourishment and sustenance. Do we still think, to begin with, with the stomach? Admittedly, the concept of the integrity of nourishment is ambiguous. The mountains of foodstuffs found today in supermarkets, devoid of odor and uninviting in sensuous terms, are not confronted by genuine forms of consumption. The diet of the future demands a switch from mass production and malnutrition to the diversity of an agroecology that addresses the necessary »reset of agrarian systems«[1] with due diligence. Progress is a movement-based concept, a concentration of enriching experiential processes that give rise to change, to cite the philosopher Rahel Jaeggi.

Developed through the project is a new awareness that is oriented toward simplicity, i.e. toward principles as ›eat half as much‹, ›consider all of the simple, delicious foods that is available‹, that have been present in global cultural history for ages. Another concern is to integrate the activities of children, and in particular to heighten awareness of the time factor. To take the time to become immersed, to explore bodily experience: these are fundamental to the creative efforts of children. This way of approaching things resurfaces in artistic production and in the preparation of meals, as well as when we devote our attention to the preservation of simple techniques for providing nourishment.

(1) Angelika Hilbert, ETH Zürich, Biosicherheit und Agrarökologie / Biosafety and Agroecology

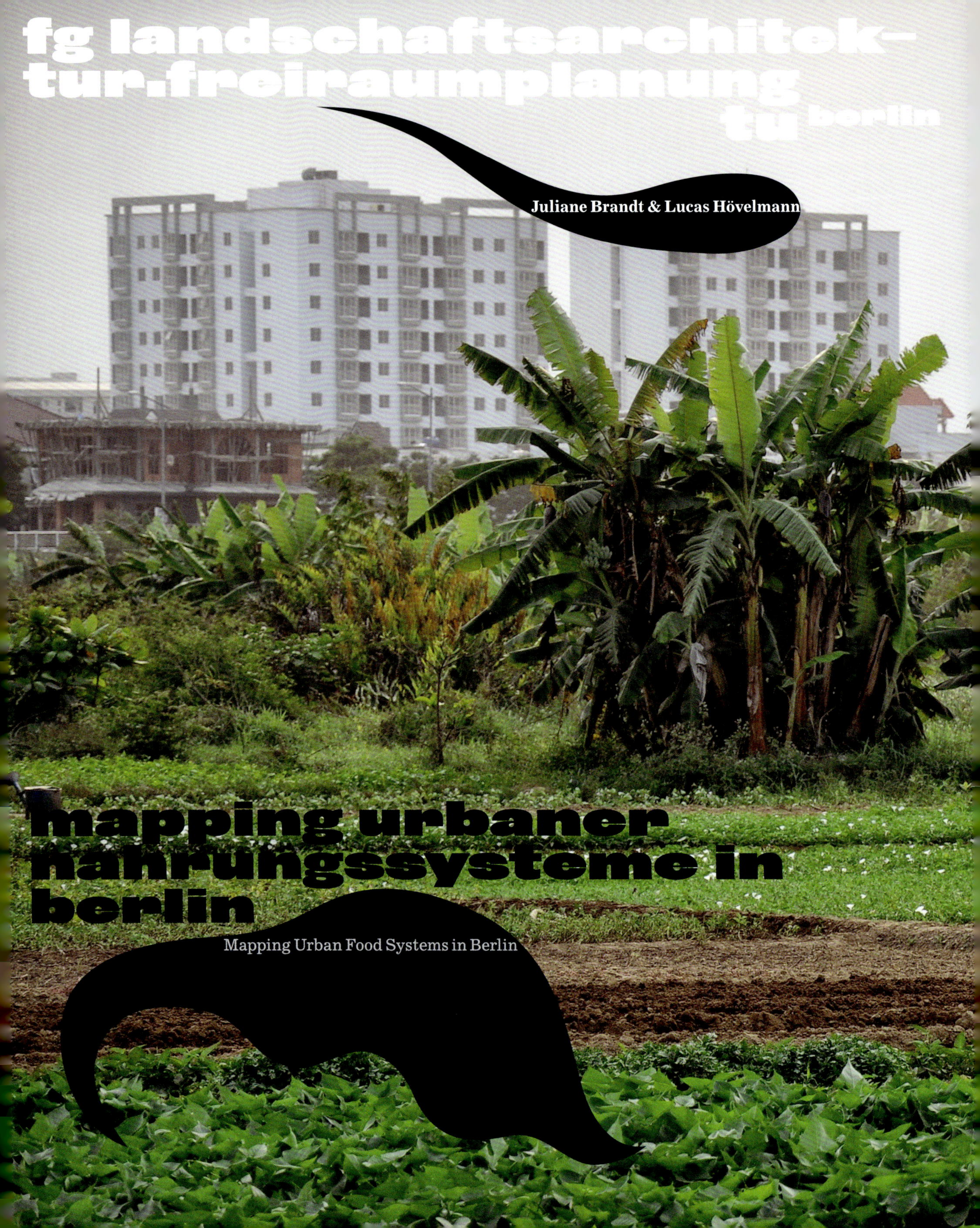
fg landschaftsarchitektur.freiraumplanung
tu berlin
Juliane Brandt & Lucas Hövelmann
mapping urbaner nahrungssysteme in berlin
Mapping Urban Food Systems in Berlin

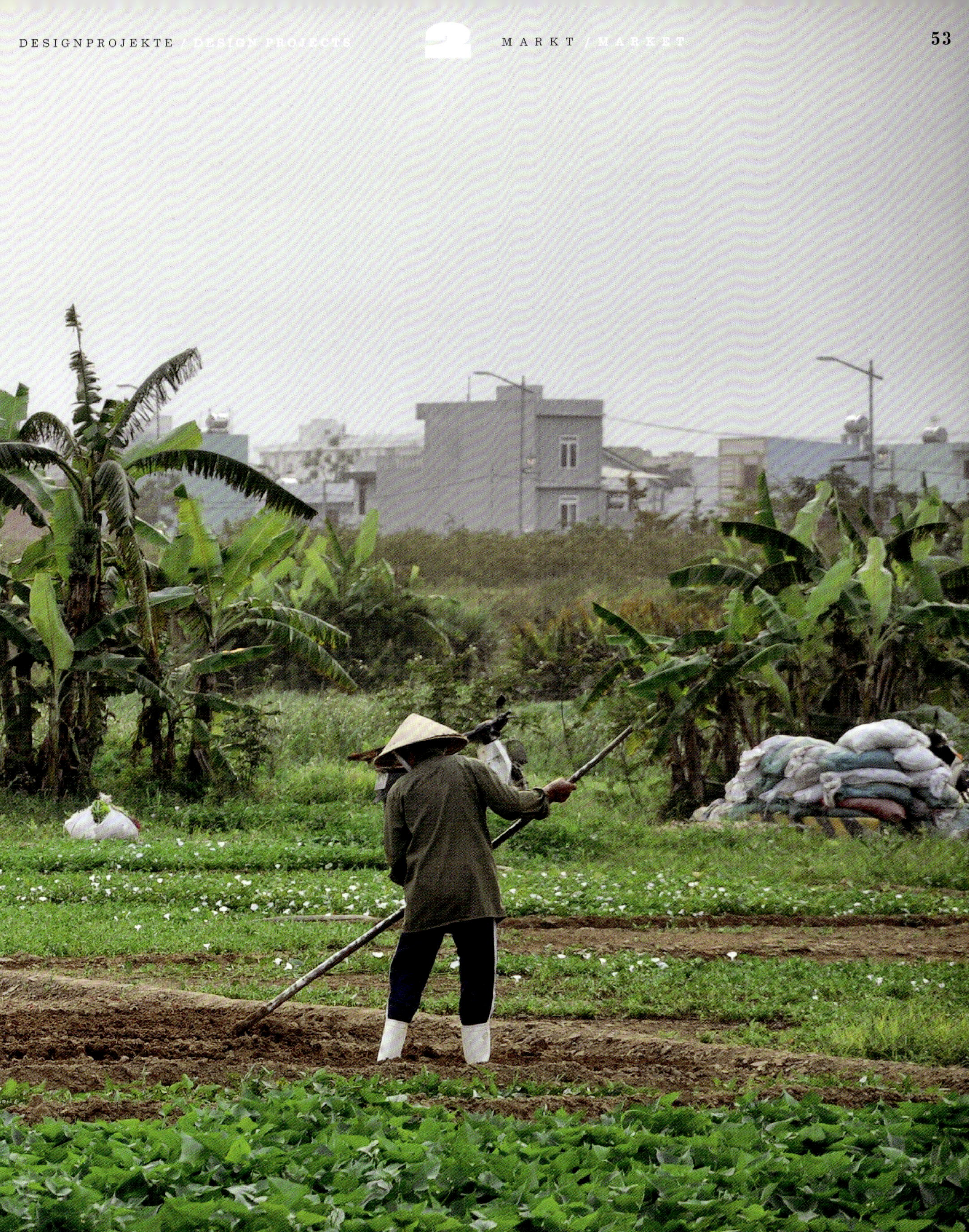

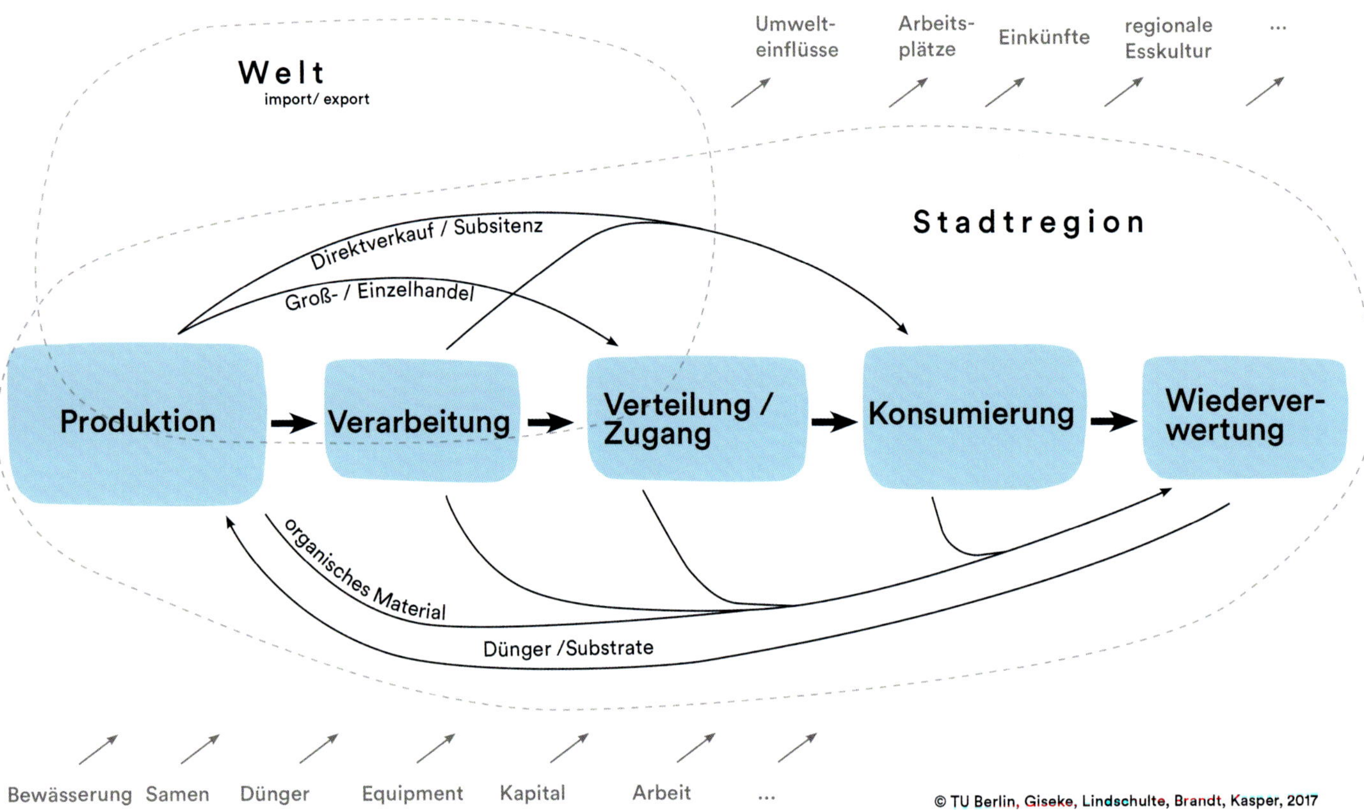

Nahrung vor Ort zu produzieren und zu konsumieren ist in einigen Teilen der Welt Alltagspraxis, in anderen wissen viele Stadtbewohner nicht, wo die Milch, die sie trinken, herkommt, oder was auf dem Weg vom Feld in die Küche mit der Nahrung passiert. Hierzu trägt die in westlichen Kulturen historisch entwickelte Unterscheidung in Stadt und Land bei, die beiden Räumen verschiedene Funktionen zugeschrieben hat — die Nahrungsproduktion auf dem Land

In some parts of the world, the on-site production and consumption of food products is the norm, while in others, urbanites have no idea where the milk they drink actually comes from, or what happens to the food they eat along the route that leads from the field to the kitchen. Contributing to this phenomenon in Western cultures is the historically evolving distinction between town and country, with divergent functions assigned to each realm — food production in

und der Konsum in der Stadt.[1] Diese Nutzungstrennung hat im Zuge der gesellschaftlichen Entwicklung durch Industrialisierung, Digitalisierung und Globalisierung mehr und mehr dazu beigetragen, dass sich die Bereiche von Produktion und Konsum weiter voneinander entfernen — so weit, dass rurale Räume Städte mit Nahrung versorgen, die sich am anderen Ende der Welt befinden. Diese Entkopplung führt dazu, dass sich einstige Stadt-Umland-Beziehungen, sogenannte urban-rurale Verknüpfungen, über zunehmend größere Räume erstrecken und der weite Weg des Transports von der Nahrungsproduktion auf dem Feld, der Verarbeitung in Zwischenstationen bis hin zur Verteilung in die Städte intransparent geworden ist. Einflüsse und Auswirkungen auf die Natur, auf ökonomische und auf soziale Entwicklungen sind dadurch immer weniger nachvollziehbar.

Auch als Handlungsfeld städtischer Planung ist das Nahrungssystem bisher wenig erkannt. Stadtregionen spielen aber nicht nur als große Verteiler und Konsumenten von Nahrung, sondern auch als lokale Nahrungsproduzenten eine bedeutende Rolle. Ein stadt-regionales Nahrungssystem umfasst daher mehrere Komponenten von der Produktion über die Verarbeitung, Verteilung und den Zugang zu Nahrung wie deren Konsum und die Wiederverwertung von Nahrungsresten. Sie alle bringen jeweils eine Vielzahl von Prozessschritten, Akteuren und konkreten Orten mit sich. Räumliche Sichtbarkeit haben in Städten vor allem Orte der Verteilung und des Konsums wie Märkte, Supermärkte, Lebensmittelfachgeschäfte und Restaurants, während Orte der Produktion und der Verarbeitung, wie Lebensmittelfabriken, und Orte der Wiederverwertung auf den ersten Blick weniger sichtbar und zuordenbar sind.

Im Rahmen des Seminars *Freiraumplanerische Kommunikationsprozesse und -methoden* am Fachgebiet Landschaftsarchitektur Freiraumplanung der TU Berlin haben sich 27 Studierende im Wintersemester 2017/18 mit dem Thema urbaner Nahrungssysteme in Berlin befasst. Ziel war es dabei, durch das Aufspüren, Kartieren und Analysieren der Komponenten und Prozesse das versteckte Nahrungssystem aufzudecken und dessen Diversität, Verknüpfungen und unterschiedliche Maßstabsebenen darzustellen. Dies erfolgte an fünf unterschiedlichen Orten in Berlin: dem Leopoldplatz, dem Maybachufer, dem Campus der TU Berlin, dem Ortsteil Gatow und dem Kulturforum. Die Forschungsprojekte *Urbane Landwirtschaft als integrierter Faktor klimaoptimierter Stadtentwicklung in Casablanca, Marokko*, 2005–14, und *Rapid Planning*, 2014–19 bilden dabei den wissenschaftlichen Hintergrund in der Auseinandersetzung mit städtischen Nahrungssystemen und Nahrungsmittelproduktion.

the countryside, food consumption in the city.[1] In the course of societal development, through industrialization, digitalization, and globalization, this functional segregation has contributed to a growing estrangement of the realms of production and consumption — and to such a degree that rural locales provide foodstuffs to cities which are found at the other end of the earth. This decoupling has led to a situation in which the formerly evident links between cities and their surroundings, the so-called urban-rural linkages, cover larger and larger spaces, so that the extended transport route from food production in the field, to processing at intermediate sites, and finally to urban distribution has become non-transparent. As a consequence, the influence and impact of food production on nature, on economic and social development, has become more difficult to fathom.

The food system has received scant recognition to date as a field of activity within urban planning. But metropolitan areas play a significant role, not just as major distributors and consumers of foodstuffs, but as local producers as well. The food system of a given urban region encompasses a number of different components, ranging from production to processing to distribution and the provision of access to nourishment, as well as consumption and the recycling of food waste. Each of these elements involves a multiplicity of process steps, protagonists, and concrete locations. Enjoying visibility within cities are in particular sites of distribution and consumption such as markets, supermarkets, grocers, and restaurants, while at least at first glance, sites of production and processing such as food plants and recycling centers are less visible and localizable.

During winter semester 2017/18, in the framework of the seminar *Freiraumplanerische Kommunikationsprozesse und -methoden* (open space planning communication processes and methods) in the field at the chair of Landscape Architecture and Open Space Planting at the TU Berlin, 27 students addressed the topic of urban food systems in Berlin. The aim was to identify, map, and analyze the components and processes of this hitherto concealed food system and to showcase its diversity and its interrelationships while delineating its varying scales. Students worked at five different locations in Berlin: Leopoldplatz, Maybachufer, the campus of the TU Berlin, the district of Gatow, and the Kulturforum. Forming the background to this exploration of urban food systems and food production were the research projects *Urban Agriculture as an Integrated Factor in Climate-Optimized Urban Development in Casablanca, Morocco*, 2005–14 and *Rapid Planning*, 2014–19.

(1) Giseke, Undine u. a. / et al.: E3 Urban Agriculture's Contribution to the Urban Food System, in: Undine Giseke u. a. / et al. (Hrsg. / eds.): Urban Agriculture for Growing City Regions. Connecting Urban-Rural Spheres in Casablanca, Oxon, Abingdon, New York: Routledge, 2015, S. 396–407 / pp. 396–407.

rené kuntzag

meat the future

Biofabrikation als Fleischlieferant der Zukunft / Biofabrication as the Meat Supplier of the Future

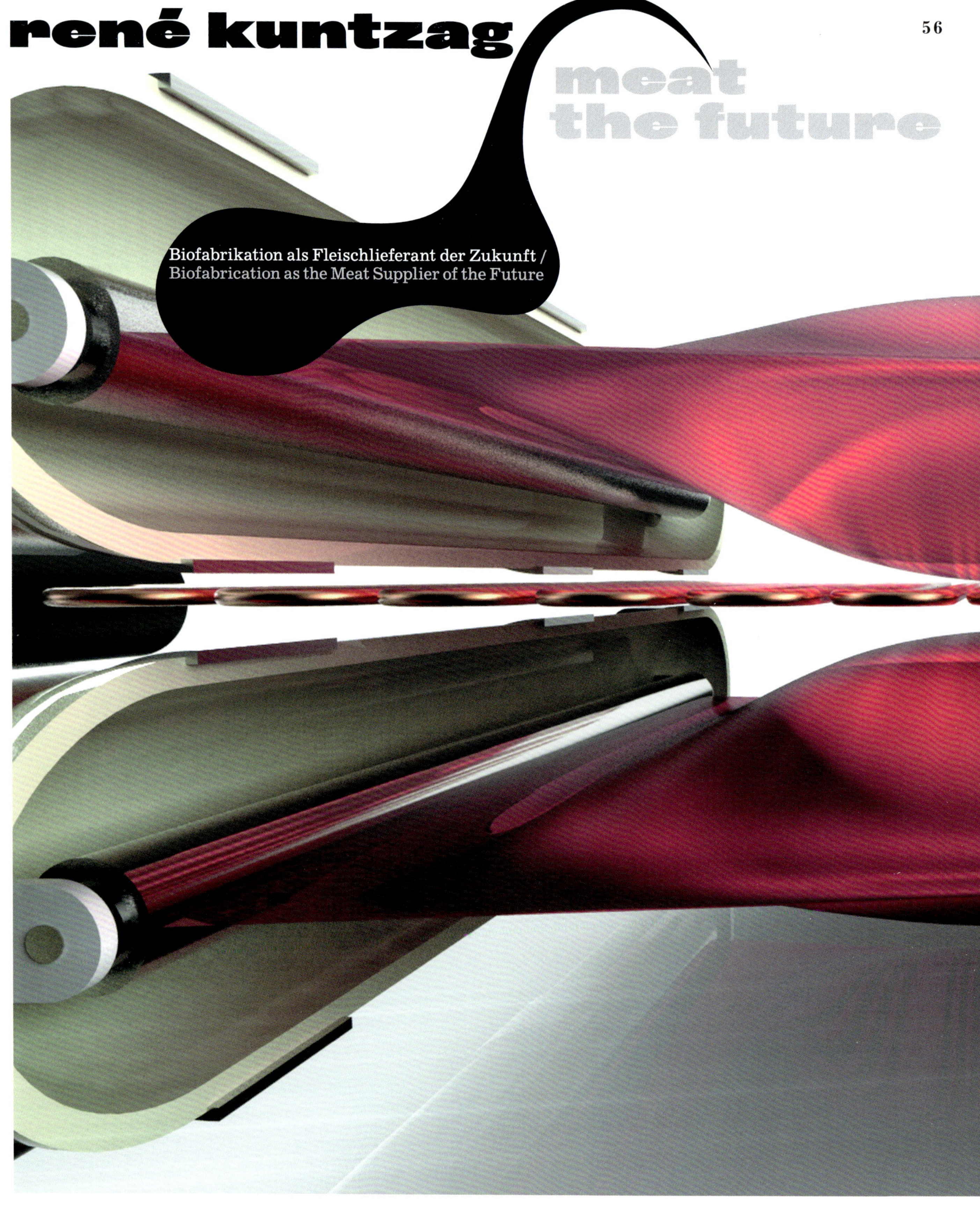

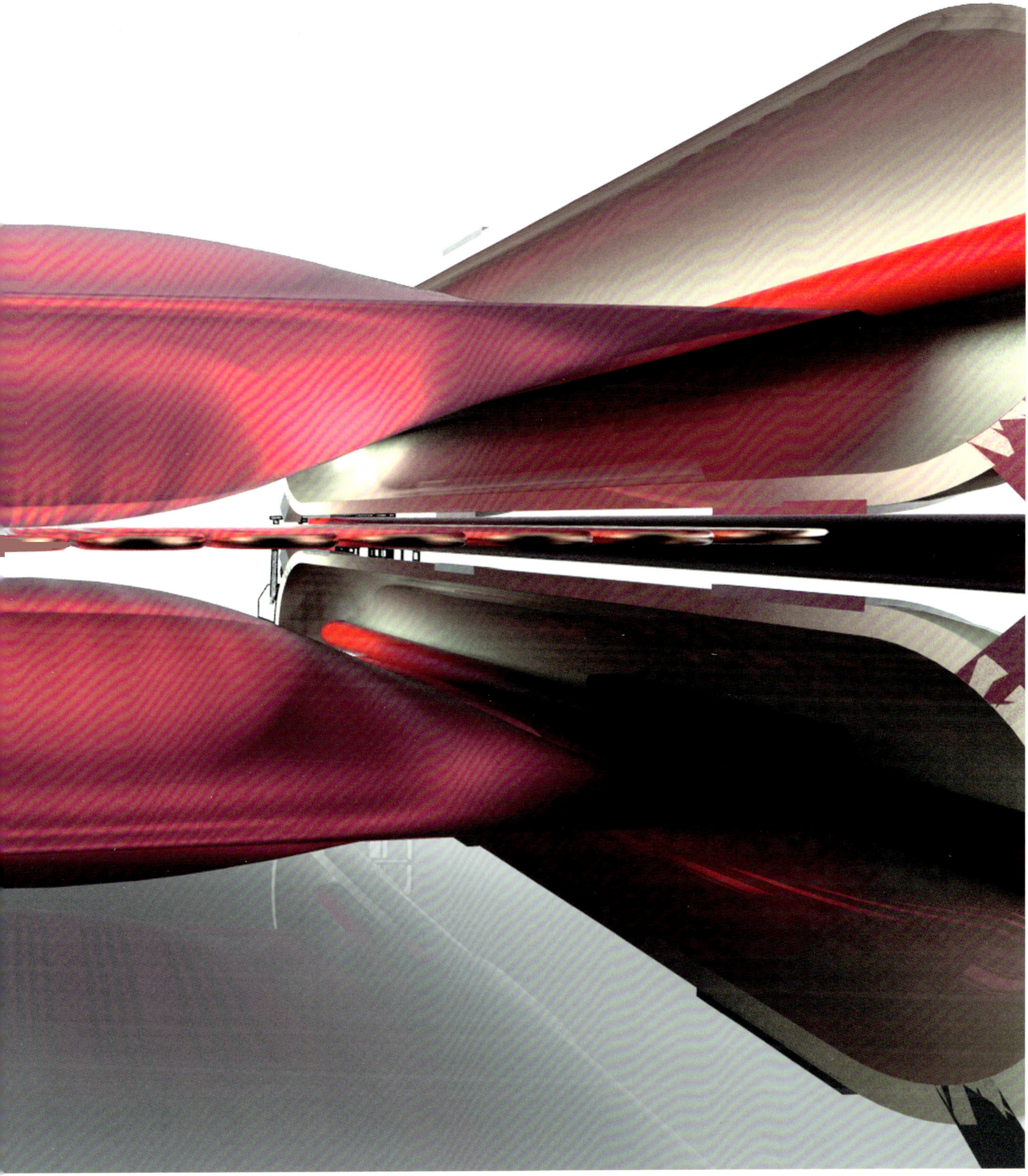

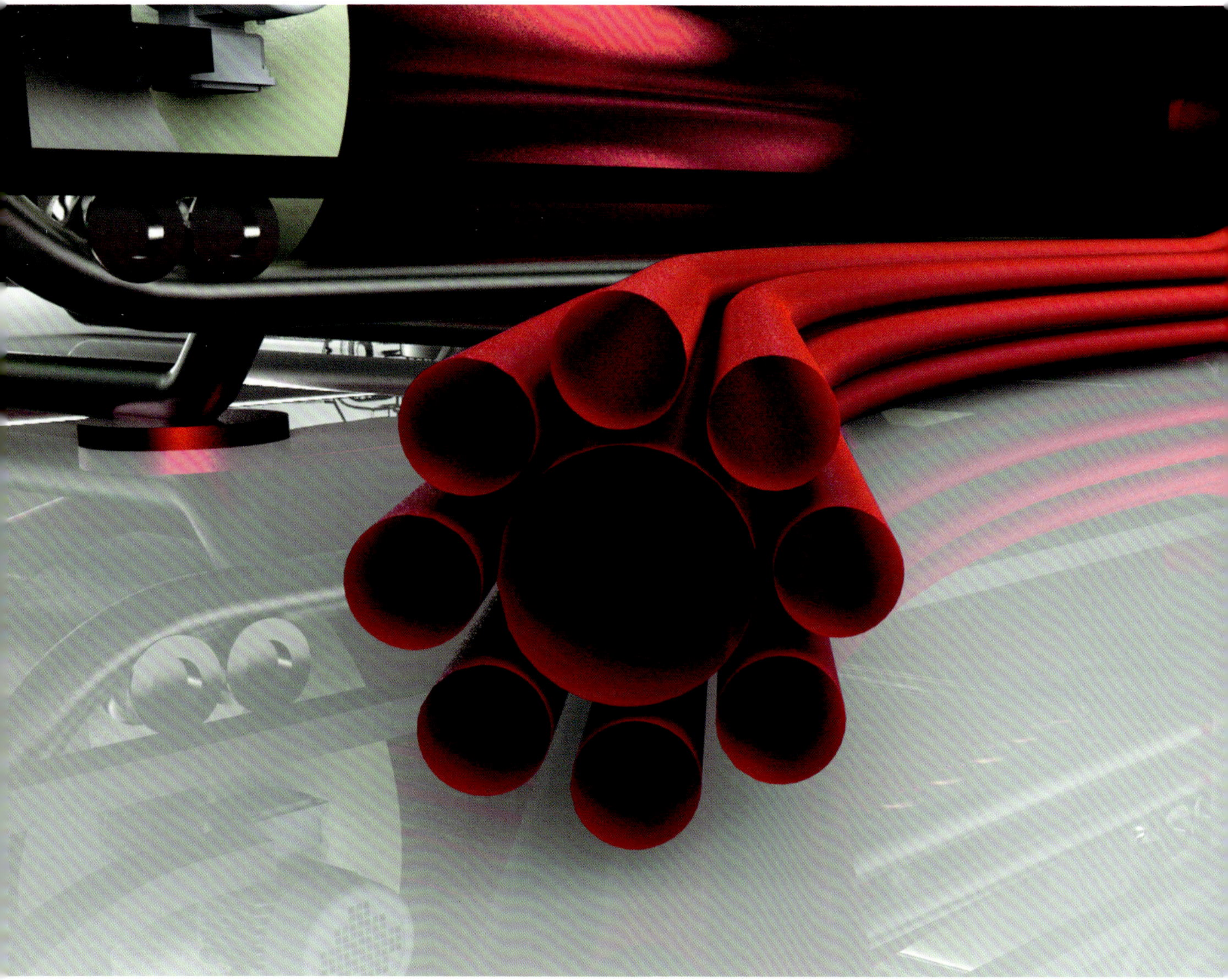

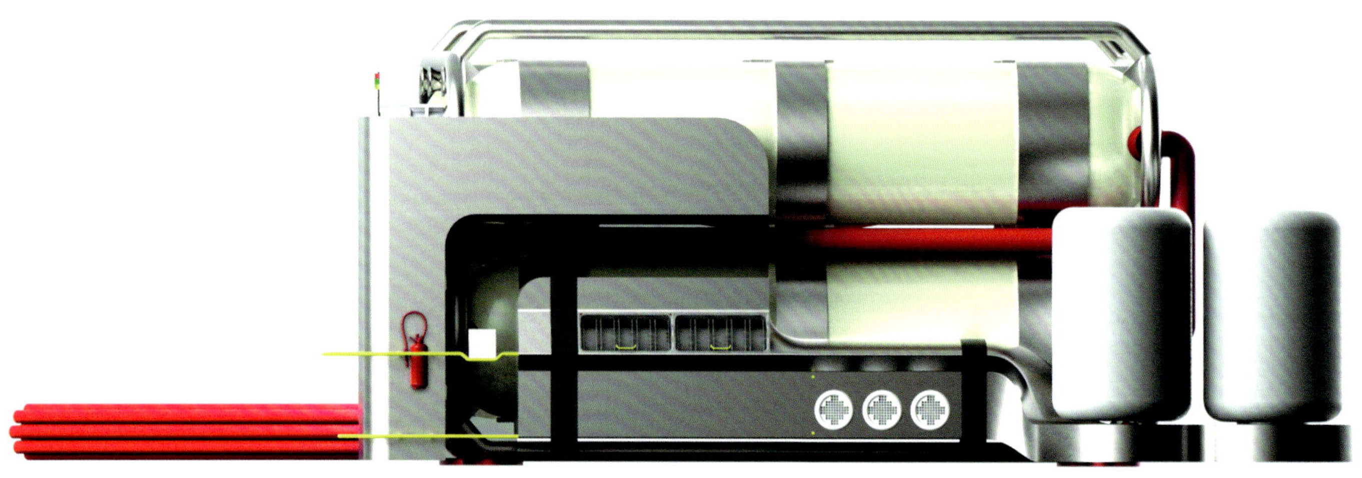

Der Biorektor ist ein Zukunftskonzept aufbauend auf den Erkenntnissen des niederländischen In-Vitro-Forschers Mark Post. Die Herstellung von Fleisch im Brutschrank oder Reagenzglas wirft bei vielen Menschen ethische Fragen auf, der Konsum von Produkten aus der Massentierhaltung wird hingegen nicht gerne hinterfragt. Das Ziel von *Meat the Future* ist die Aufklärung über unsere Nahrungsgewohnheiten und deren Einfluss auf den Planeten. In-Vitro-Fleisch könnte uns dabei interessante Lebensmittelalternativen bieten und darüber hinaus völlig neue Optionen, um die Umwelt zu schonen. Die Technologie der Zellkultivierung ermöglicht die Herstellung von Hackfleisch, ohne Tiere zu schlachten. Dabei werden tierische Zellen mittels einer harmlosen Biopsie (Gewebeprobe) entnommen und in einem speziellen Verfahren vermehrt. So könnte Fleisch gezielt und unabhängig von geografischen Gegebenheiten produziert werden.
In Kooperation zwischen den Studiengängen Industrial Design und Life Science Engineering entstand ein Konzept zur künstlichen Fleischgewinnung, das zwei unterschiedliche Methoden der Zellkultivierung verbindet und sie damit auf eine industrielle Produktionsebene hebt. Derzeit tauchen immer mehr Start-ups auf, die sich nicht nur mit dem Thema In-Vitro-Fleisch beschäftigen, sondern es auch nach außen kommunizieren. Für den Erfolg von künstlichem Fleisch ist dies enorm wichtig, da Essen und insbesondere Fleisch für eine Großzahl der Verbraucher*innen ein hochsensibles Thema ist. Für die Zukunft ist es sehr wünschenswert, dass die Neugier über den anfänglichen Ekel der Konsument*innen siegt.

The bioreactor is a futuristic concept based on the findings of the Dutch in vitro researcher Mark Post. For many people, the production of meat in an incubator or test tube raises ethical issues — yet our consumption of the products of factory farming is barely questioned. The aim of *Meat the Future* is to shed light on our dietary habits and their influence on the planet. In vitro meat has the potential to offer intriguing food alternatives, and may present entirely new options for protecting the environment. The technology of cell cultivation makes it possible to produce ground meat without slaughtering animals. In this process, animal cells are removed through a harmless biopsy (tissue sample) and propagated using a special procedure. This makes it possible to produce meat in a calculated way and independently of geographic circumstances.
Emerging from a collaboration between the degree programs in Industrial Design and Life Science Engineering was a concept for artificial meat production that brings together two different methods of cell cultivation, at the same time raising them to the level of industrial production. Surfacing currently are more and more startups which not only address the topic of in vitro meat, but also attempt to communicate their activities to a larger public. This is enormously important for the success of artificial meat, since food consumption — and in particular meat — has become a highly sensitive topic for most users. For the future, we can only hope that curiosity ultimately triumphs over the consumer's initial repugnance.

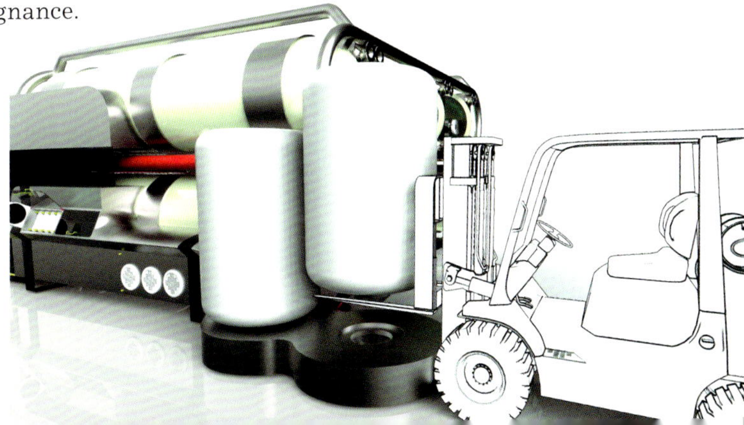

the center for genomic gastronomy to flavour our tears

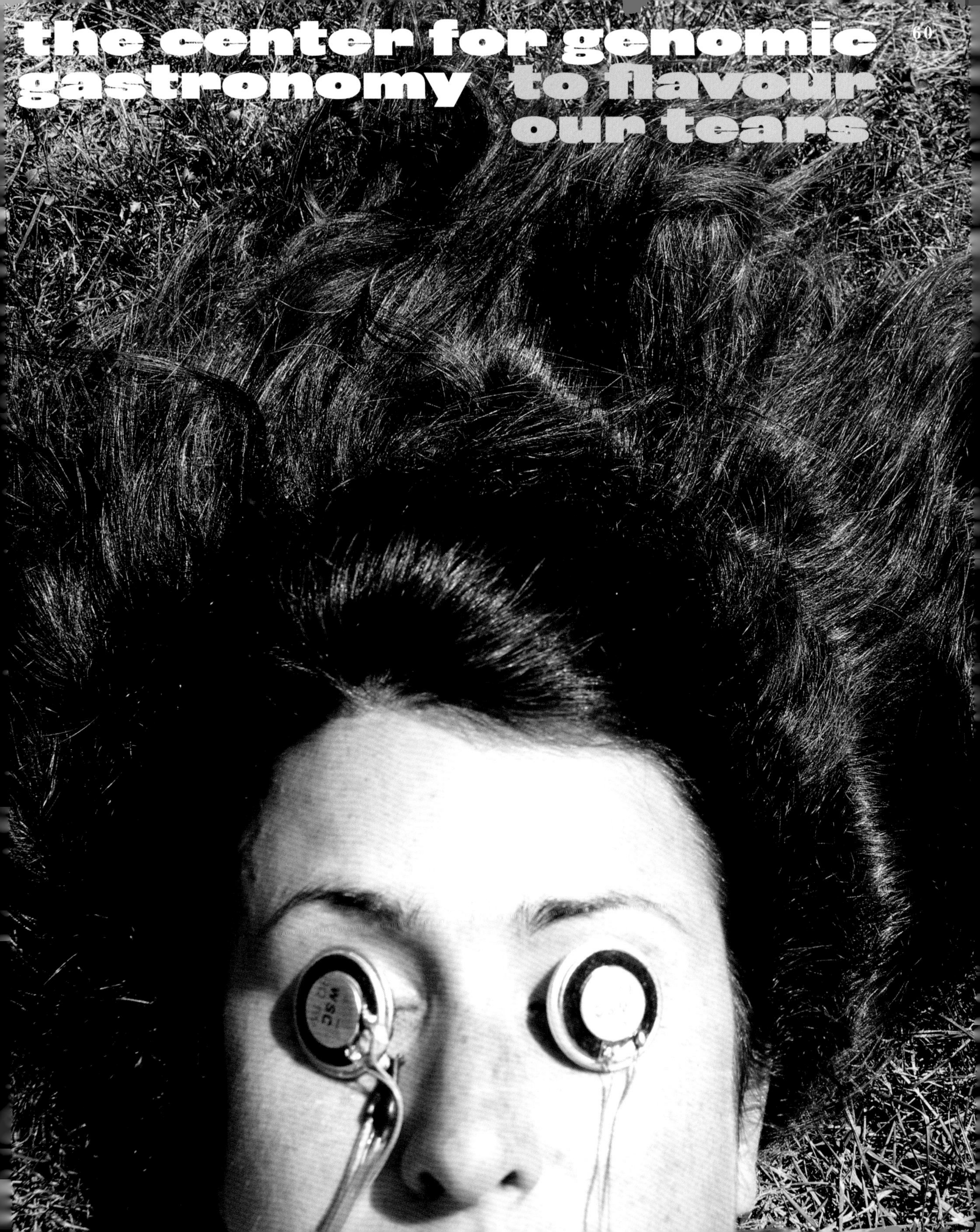

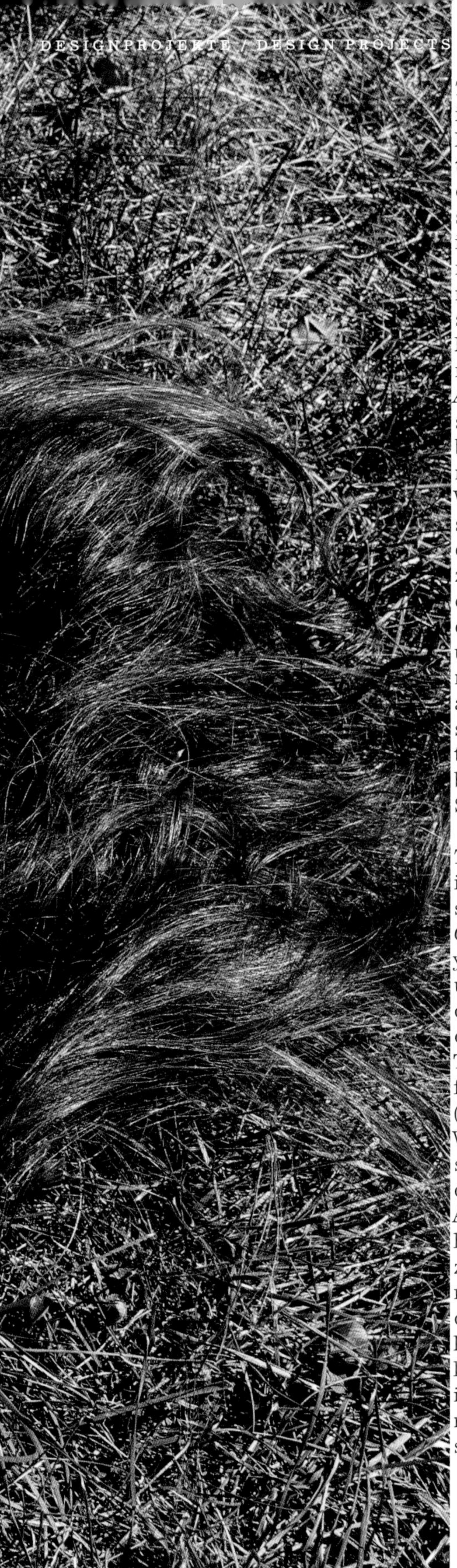

To Flavour Our Tears ist ein experimentelles Restaurant, das Menschen wieder in die Nahrungsmittelkette integriert, indem es den menschlichen Körper als Nahrungsquelle für andere Arten untersucht. Mit einer Tränen trinkenden Mottenart als Ausgangspunkt stellt *To Flavour Our Tears* die Frage: Wie schmecken wir den kleinen Organismen, die jeden Tag einen Teil von uns konsumieren sowie all das, was von uns übrigbleibt, wenn wir sterben? Wie können Menschen ihre Körper, ihren Speiseplan und ihre Emotionen beeinflussen, um ihren eigenen Geschmack zu verändern? Was sind die kulinarischen Eigenschaften der menschlichen Biomasse, und was sind die geschmacklichen Vorlieben von Insekten, Mikroben und anderen Organismen, die Menschen konsumieren?
Diese Installation enthält Prototypen der Werkzeuge, Rezepte und Rituale, die man für *Autogastronomie* (die Kunst, sich selbst schmackhaft zu machen) und *Altergastronomie* (die Untersuchung der menschlichen Körperteile als Inhaltsstoffe für andere Organismen) benötigt. Wir haben bereits viel Zeit damit verbracht, unsere Speisen lecker und uns selbst schön zu machen. Sollten wir uns nicht auch für die Organismen schmackhaft machen, die uns konsumieren? Wird der Koch der Zukunft dazu beitragen, dass Menschen Nicht-Menschen schmecken? Da neue Instrumente der Microbiom-Forschung die vielen Mikroorganismen offenbaren, die in und auf uns leben, wird der menschliche Körper zunehmend als ein Ökosystem, Zoo oder Krankenhaus betrachtet werden. Industrielle Landwirtschaftspraktiken sind größtenteils extraktiv, veräußerlichen die Umweltkosten und ignorieren die Bedürfnisse der anderen Organismen und Ökosysteme, mit denen wir den Planeten teilen. Die meisten Menschen räumen menschlichen Bedürfnissen und Wünschen den Vorrang gegenüber allem anderen ein. Wie können wir den geistigen Sprung vollführen, uns selbst als Bestandteil eines komplexen Netzwerks von Organismen zu sehen, die für ihr weiteres Überleben wechselseitig abhängig voneinander sind? Wie können wir uns bewusster in das Nahrungssystem einfügen und uns bescheiden als Teil des Systems begreifen, statt als isolierte und außergewöhnliche Individuen?

To Flavour Our Tears is an experimental restaurant that places humans back into the food chain by investigating the human body as a food source for other species. Using a tear-drinking species of moth as jumping off point, *To Flavour Our Tears asks*: How do you taste to the small organisms that consume parts of you every day, and every last bit of you when you die? How can humans manipulate their bodies, diet, and emotions to change their own flavour? What are the culinary properties of human biomass, and what are the gustatory preferences of insects, microbes and other organisms that consume humans?
This installation contains prototypes of the tools, recipes and rituals required for *autogastronomy* (the art of flavouring oneself well) and *altergastronomy* (the study of human body parts as ingredients for other organisms).
We already spend a lot of time making our food flavourful, and making ourselves beautiful. Shouldn't we also flavour ourselves well for the organisms that consume us? Will the chef of the future help humans taste good to nonhumans? As new tools of microbiome research reveal the many micro-organisms that live in and on us, the human body will be increasingly seen as an ecosystem, zoo or hospital. Industrial agricultural practices are largely extractive, externalizing environmental costs and discounting the requirements of the other organisms and ecosystems that we share the planet with. Most humans privilege human needs and desires above all else. How can we make the cognitive leap to see ourselves as one part of a complex network of organisms that are all interdependent on each other for their continued survival? How can we more mindfully embed ourselves into the food system, humbly understanding ourselves as a part of the system instead of isolated and exception individuals?

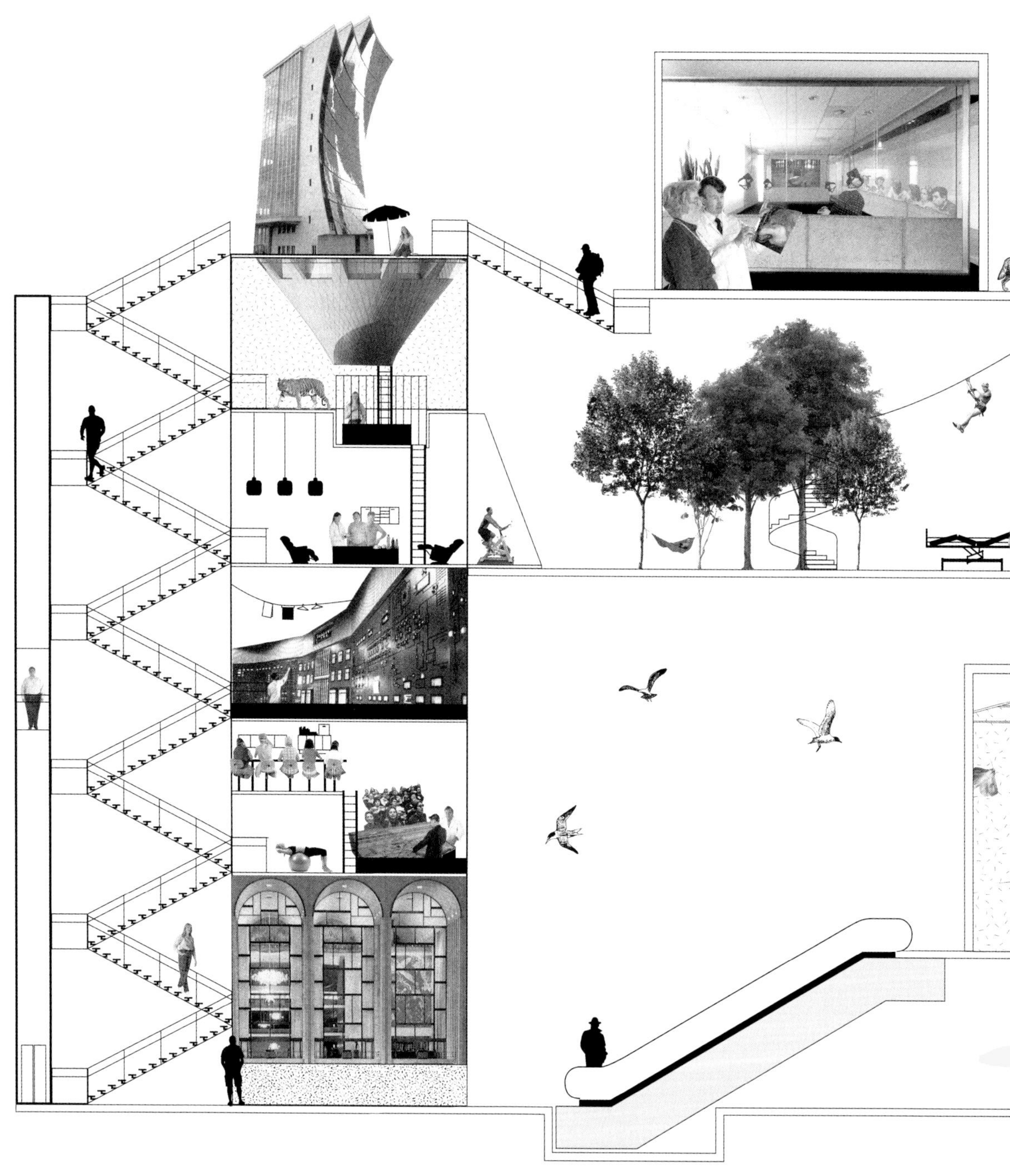

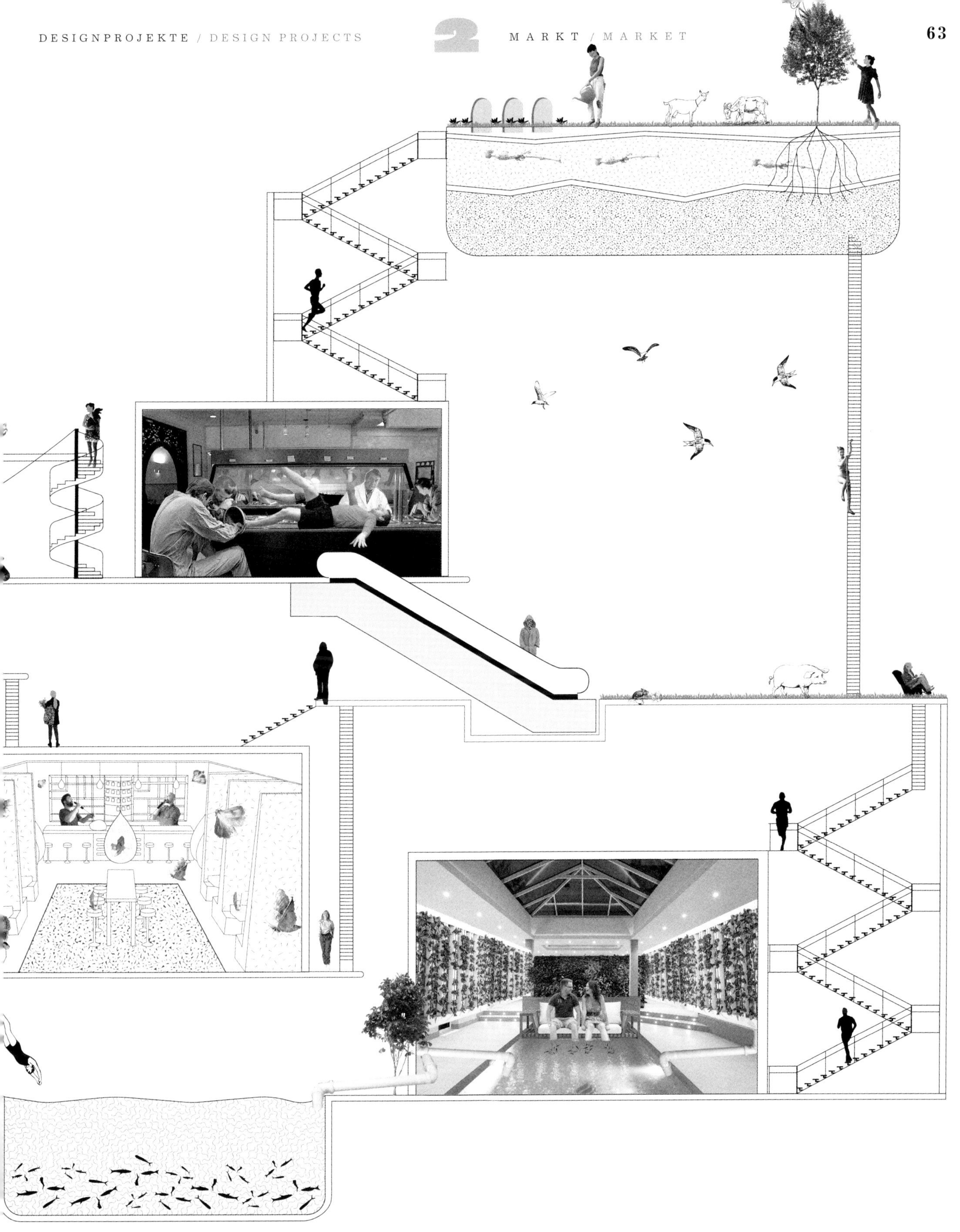

studio gorm
flow2

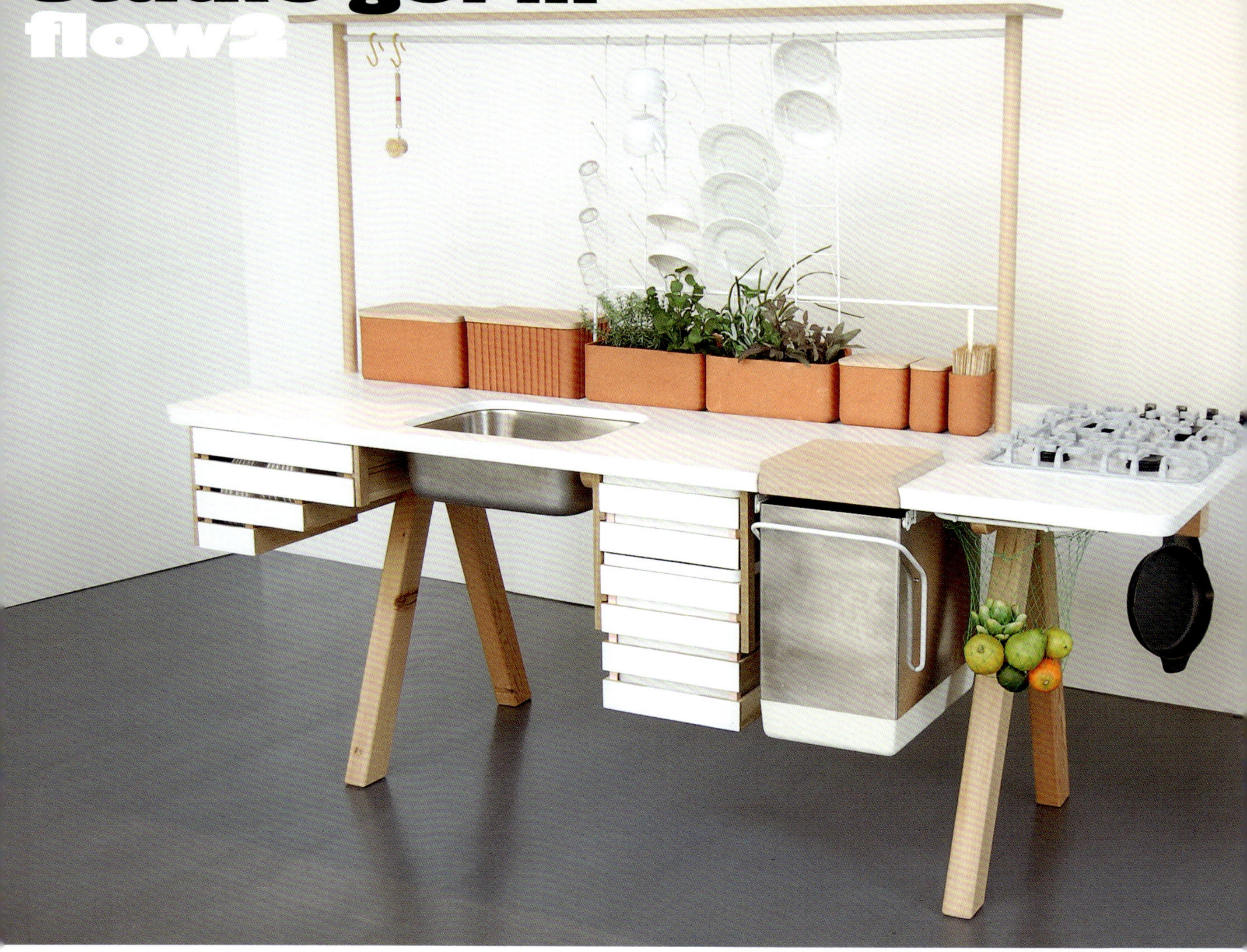

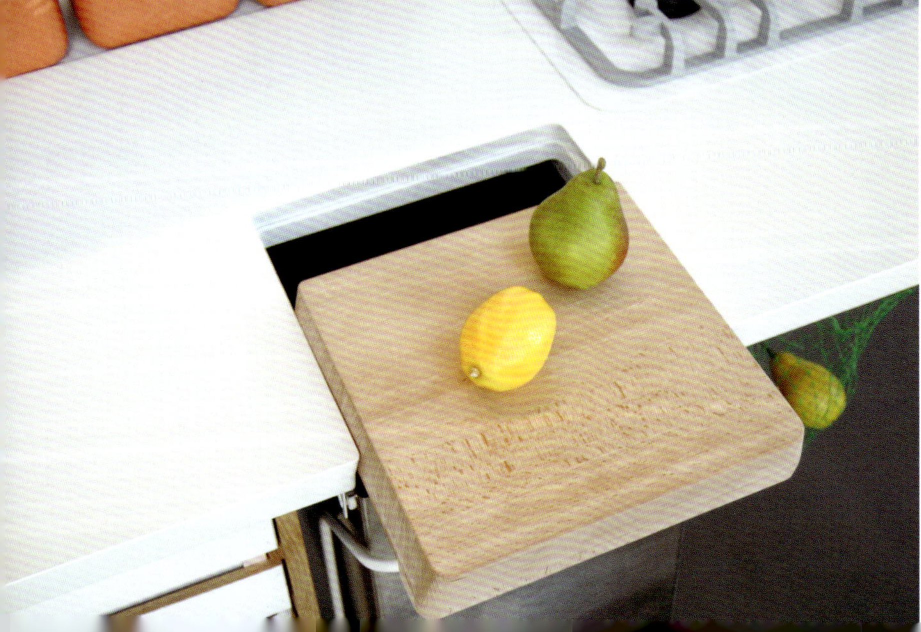

Flow2 ist eine Wohnküche, in der Natur und Technologie eine symbiotische Beziehung bilden, Prozesse in einem natürlichen Kreislauf ineinander übergehen und dabei auf effiziente Weise Energie, Abfall, Wasser und andere natürliche Ressourcen nutzen. *Flow2* bietet nicht nur einen Raum für die Zubereitung von Speisen, sondern auch eine Umgebung, die ein besseres Verständnis für die Funktionsweise natürlicher Prozesse ermöglicht. Eine Küche, in der Nahrungsmittel gezüchtet, aufbewahrt, gekocht und kompostiert werden, um so weitere Lebensmittel hervorzubringen. Die einzelnen Objekte sind unkompliziert und fungieren als einfache Instrumente, damit die komplexeren natürlichen Prozesse ihre Arbeit verrichten können. Man kann die integrierte Schneidefläche nach vorne gleiten lassen und auf diese Weise Gemüseschalen in den Komposteimer befördern. Küchenabfälle, Zeitungen, Werbepost und Papierschnipsel können dem Wurmkomposter hinzugefügt werden. Würmer zerlegen Lebensmittel und verwandeln sie in ein nährstoffreiches Düngemittel. Das kann in den Kräuterkisten, für Hauspflanzen oder im Garten verwendet werden. Die Kühlbox hält die Nahrungsmittel mittels Evapotranspiration (Gesamtverdunstung) frisch. Der Raum zwischen den doppelten Wänden ist mit Wasser gefüllt, das langsam durch die Außenwand sickert und verdunstet, sodass die Innentemperatur sinkt. Die Aufbewahrungsbehälter bestehen aus unglasiertem Steingut und machen sich dessen natürliche poröse Eigenschaften zunutze. Sie bieten ideale Bedingungen, um die Konsistenz von Brot zu erhalten, die Haltbarkeit von Knoblauch und Zwiebeln zu verlängern, Getreide aufzubewahren oder Kräuter heranzuziehen. Die Buchenholzdeckel haben natürliche mikrobiologische Eigenschaften und lassen sich auch als Schneidebrettchen oder zum Servieren benutzen. Das hängende Abtropfgestell bietet vertikalen Stauraum für trocknende Teller und spart wertvolle Arbeitsfläche, während Wasser von dem Abtropfgestell auf die Kräuter und essbaren Pflanzen tropft, die in den unter dem Gestell aufgestellten Pflanzgefäßen angebaut werden.

Flow2 is a living kitchen where nature and technology are integrated in a symbiotic relationship, processes flow into one another in a natural cycle, efficiently utilizing energy, waste, water and other natural resources. It provides a space not only for preparing food but an environment that gives a better understanding of how natural processes work. A kitchen where food is grown, stored, cooked and composted to grow more food. The individual objects are relatively uncomplicated, acting as simple vehicles for the more complex natural processes to do the work. The integrated cutting board can be slid forward allowing scraps to be swept into the composting bin. Kitchen scraps, newspaper, junk mail and paper scraps can be added to the worm composter. Worms breakdown food and turn it into worm castings, a nutrient rich fertilizer. The fertilizer can be used in the herb boxes, added to houseplants or the garden. The fridge box keeps food cool through evapotranspiration. The space between the double walls is filled with water which slowly seeps through the outer wall and evaporates, causing the inside temperature to cool. The Storage jars are made from unglazed earthenware, utilizing its natural porous properties, which creates an ideal environment for maintaining the consistency of bread, extending the life of garlic and onions, storing grains or as planters for growing herbs. The beech wood lids have natural microbial properties and can be used as cutting boards or for serving. The hanging dish rack offers vertical storage for drying dishes saving valuable counter space, water from the dish rack drips on the herbs and edible plants, which are grown in the planter boxes positioned below the rack.

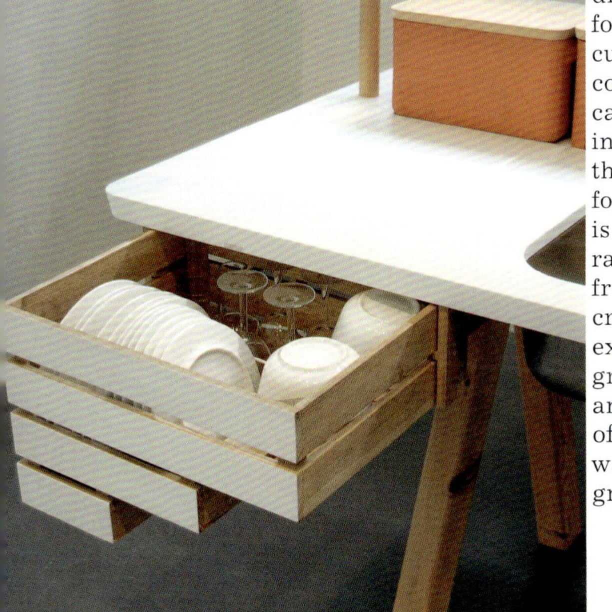

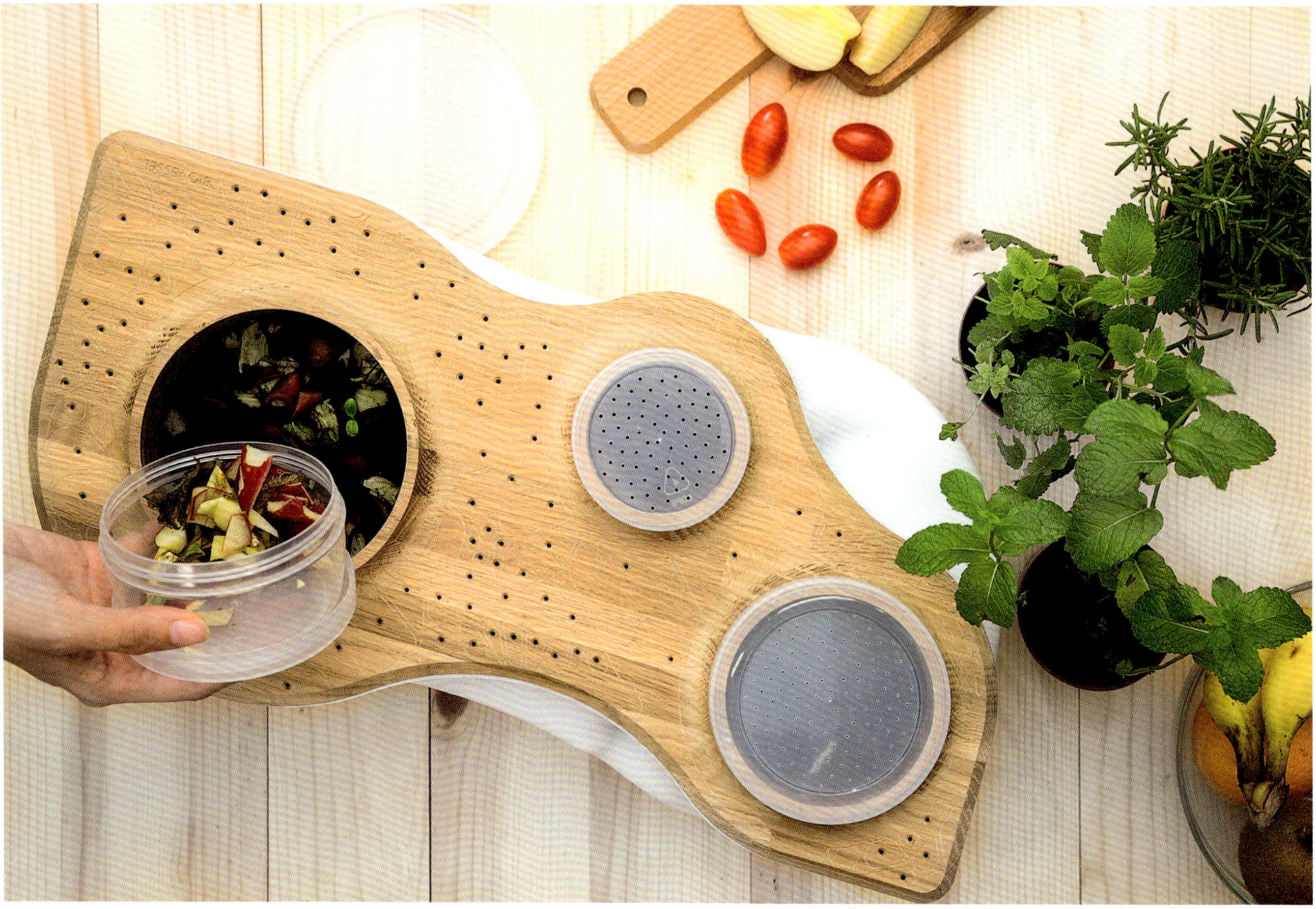

bionicraft biovessel

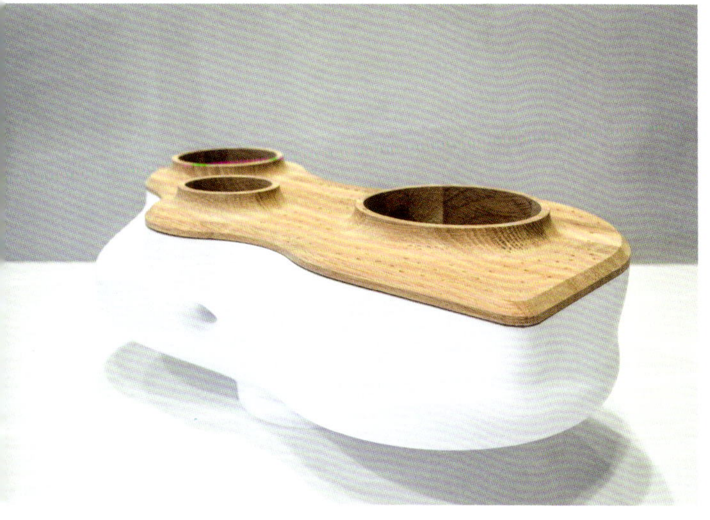

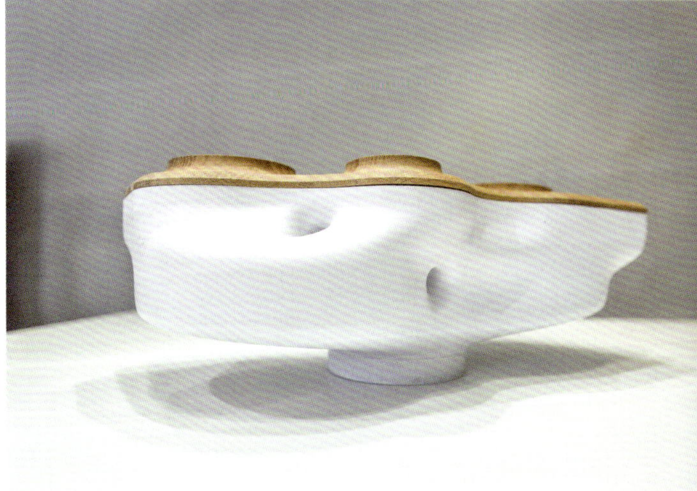

Mit *Biovessel* zieht die Natur und ein nachhaltiger Lebensstil in städtische Haushalte ein. Es handelt sich um ein revolutionäres Haushaltsgerät, das gänzlich ohne Strom Lebensmittelabfälle aus der Küche reduziert, indem es sie in Dünger verwandelt. *Biovessel* ermöglicht es Stadtbewohner*innen, auf bequeme Weise zu kompostieren und erzeugt zugleich ein Ökosystem im modernen Heim. *Biovessel* ist ein leicht handhabbarer Heimkomposter, der rohe Speisereste in Nährstoffe verwandelt. Mit Hilfe von Regenwürmern, Erde und ihren Mikroorganismen sowie Wasser definiert das Ökosystem in *Biovessel* Abfall neu, der andernfalls in Mülleimern landen würde. Der Aufspaltungsprozess des organischen Mülls verläuft auf völlig natürliche Weise und erzeugt ein sich selbst aufrechterhaltendes Ökosystem, das mit einer geruchlosen, hocheffizienten Zersetzung verbunden ist.
Ziel ist es, das Bewusstsein für das Thema Lebensmittelabfälle und deren Entsorgung zu erhöhen. Der Welternährungsorganisation zufolge wird etwa ein Drittel der jährlichen für den menschlichen Konsum produzierten Lebensmittel verschwendet, die dann in Mülldeponien vermodern, unnötige Treibhausgase freisetzen und damit zur Erderwärmung und zum Klimawandel beitragen. Die patentierte Form von *Biovessel* wurde auf der Grundlage quantitativer Daten entwickelt, die in mehr als 20 Monaten biologischer Forschung zum Zersetzungsprozess von Lebensmittelabfällen mittels Beobachtung und Experimenten erhoben und ausgewertet wurden. *Biovessel*, das von der Natur inspiriert, statt bewusst auf seine ästhetische Wirkung hin entworfen wurde, ist höchst zweckmäßig für seine Bewohner und extrem effizient und angenehm für seine Benutzer*innen.

Biovessel brings nature into urban homes for a sustainable lifestyle. It is a revolutionary household device that runs completely without electricity and reduces food waste from the kitchen by transforming it into organic fertilizer. With *Biovessel*, composting is made possible and convenient for city-dwellers while creating a green ecosystem in modern homes. *Biovessel* is an easy-to-use home composter that deals with raw food scraps by turning it into nutrients that feed new life. With the help of earthworms, soil and its microorganisms, and water of the ecosystem within *Biovessel* redefines waste, which is otherwise disposed of in bins. The process of breaking down the organic waste is purely powered by nature and creates a self-sustainable ecosystem that achieves an odorless, high efficient decomposition.
It aims to raise awareness of the issue of food waste and its disposal process. According to the Food and Agricultural Organization of the United Nations, every year roughly one third of the food produced in the world for human consumption is wasted and ends up rotting in landfills, needlessly producing greenhouse gas emissions, which contribute to global warming and climate change. The patented form of *Biovessel* has been created with the quantitative data acquired and translated from more than 20 months of biological research, through observation and experiments, on the process of food waste decomposition. As defined by nature, rather than being deliberately designed for aesthetic appeal, *Biovessel* is most suitable for its inhabitants and is most efficient and convenient for its users.

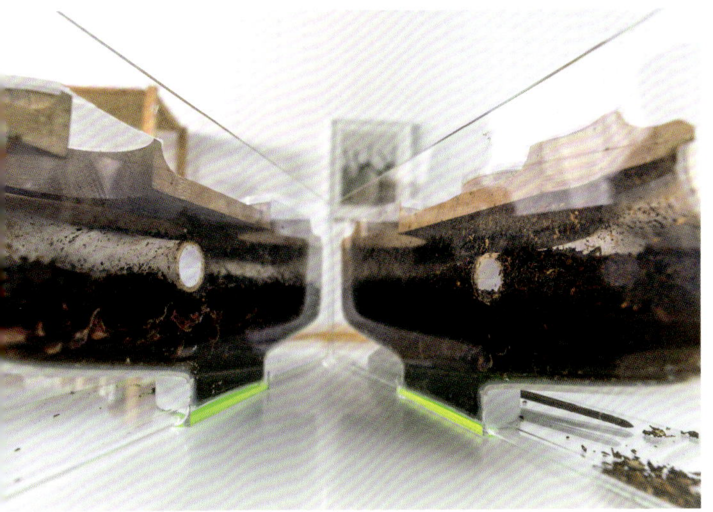

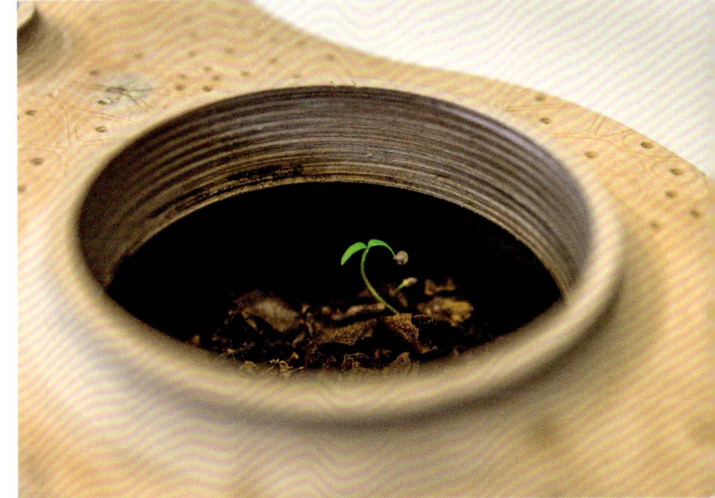

bastian austermann & luisa hilmer tonkühler

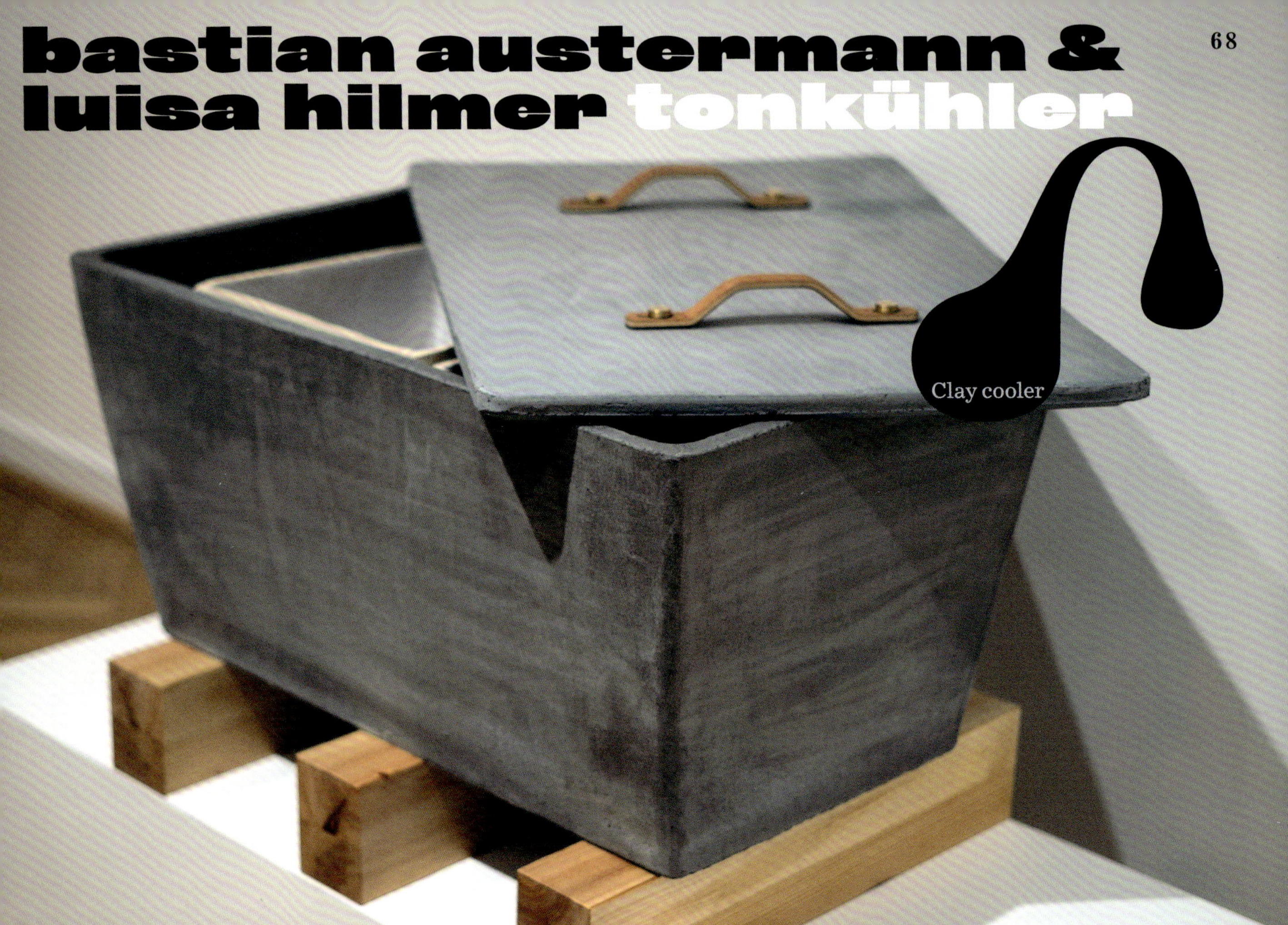

Clay cooler

Welche Lebensmittel lagerst du in deinem Kühlschrank? In Deutschland und Europa ist die Zahl der Lebensmittelabfälle unter anderem deswegen so hoch, da der Kühlschrank oft fälschlicherweise zur Lagerung von Obst und Gemüse benutzt wird. *TONKÜHLER* ist eine Kühlbox, die ohne Strom funktioniert und bei höheren Temperaturen das Prinzip der Verdunstung nutzt, um Obst und Gemüse zu kühlen. Dazu werden zwei kleine Ton-Boxen in einer der größeren platziert und der Zwischenraum mit wassergetränktem Sand aufgefüllt. Das Wasser diffundiert durch die äußere Wand und verdunstet, dadurch wird die innere Wand gekühlt. Das Prinzip des sogenannten *pot-in-pot* bzw. *fridge for the poor* wird bereits seit den 1990er Jahren in weiten Teilen Afrikas genutzt und trägt dort zu einer erhöhten Lebensmittelsicherheit bei. Mohammed Bah Abba, ein Lehrer aus Nigeria, gilt als Erfinder des Pot-in-Pot-Systems. Mit dieser einfachen Technologie kann Gemüse bis zu 20 Tage länger haltbar gemacht werden. Der aus na-

What kinds of food do you store in your refrigerator? In Germany and Europe, an enormous amount of food is wasted, partly because the refrigerator is often used erroneously to store fruit and vegetables. The *TONKÜHLER* (clay cooler) is a cool box that uses no electricity, and which exploits the evaporation principle to keep fruit and vegetables cool at higher temperatures. Two smaller clay boxes are inserted into a larger one, and the interspace filled with waterlogged sand. The water becomes diffused through the external wall and evaporates, cooling the interior wall. The principle of the so-called pot-in-pot or fridge for the poor has been used in parts of Africa since the 1990s, where it has contributed significantly to enhanced food security. Mohammed Bah Abba, a teacher from Nigeria, is regarded as the inventor of the pot in pot system. Using this simple technology, vegetables remain usable up to 20 days longer. This refrigerator, produced using natural raw materials, allows families to preserve foodstuffs longer, making an enormous con-

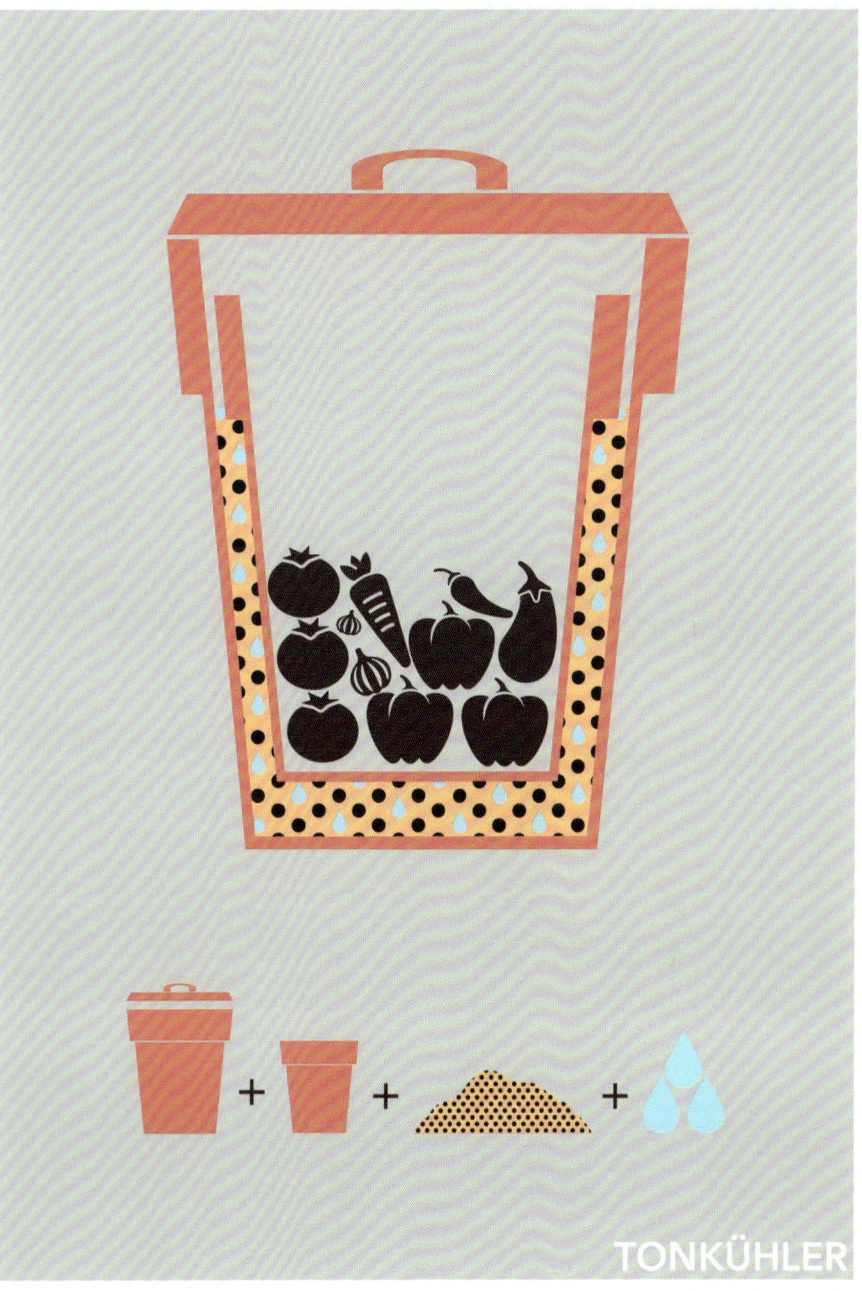

türlichen Rohstoffen gebaute Kühlschrank bietet Familien die Möglichkeit zur Lebensmittelkonservierung und trägt zu einer enormen Verminderung von Lebensmittelverschwendung und Hungersnot bei. *TONKÜHLER* ist eine Neuinterpretation des ursprünglichen *pot-in-pot*. Anders als die herkömmlichen Modelle, die großen tönernen Schüsseln ähneln, besteht *TONKÜHLER* aus einem großen eckigen Behälter. In diesem befinden sich zwei kleinere glasierte Boxen. Durch diese Aufteilung wird eine Organisation der zu kühlenden Lebensmittel erheblich erleichtert. Die Glasur des Tons fördert zudem eine hygienische Lagerung.

tribution to reducing food wastage and hunger. The *TONKÜHLER* is a reinterpretation of the original pot-in-pot. Unlike conventional models, which resemble large clay bowls, the *TONKÜHLER* consists of a large rectangular container. Inside are two smaller, glazed boxes. This subdivision greatly facilitates the organization of the stored foodstuffs. At the same time, the glazing of the clay promotes hygienic storage.

livin farms
hive

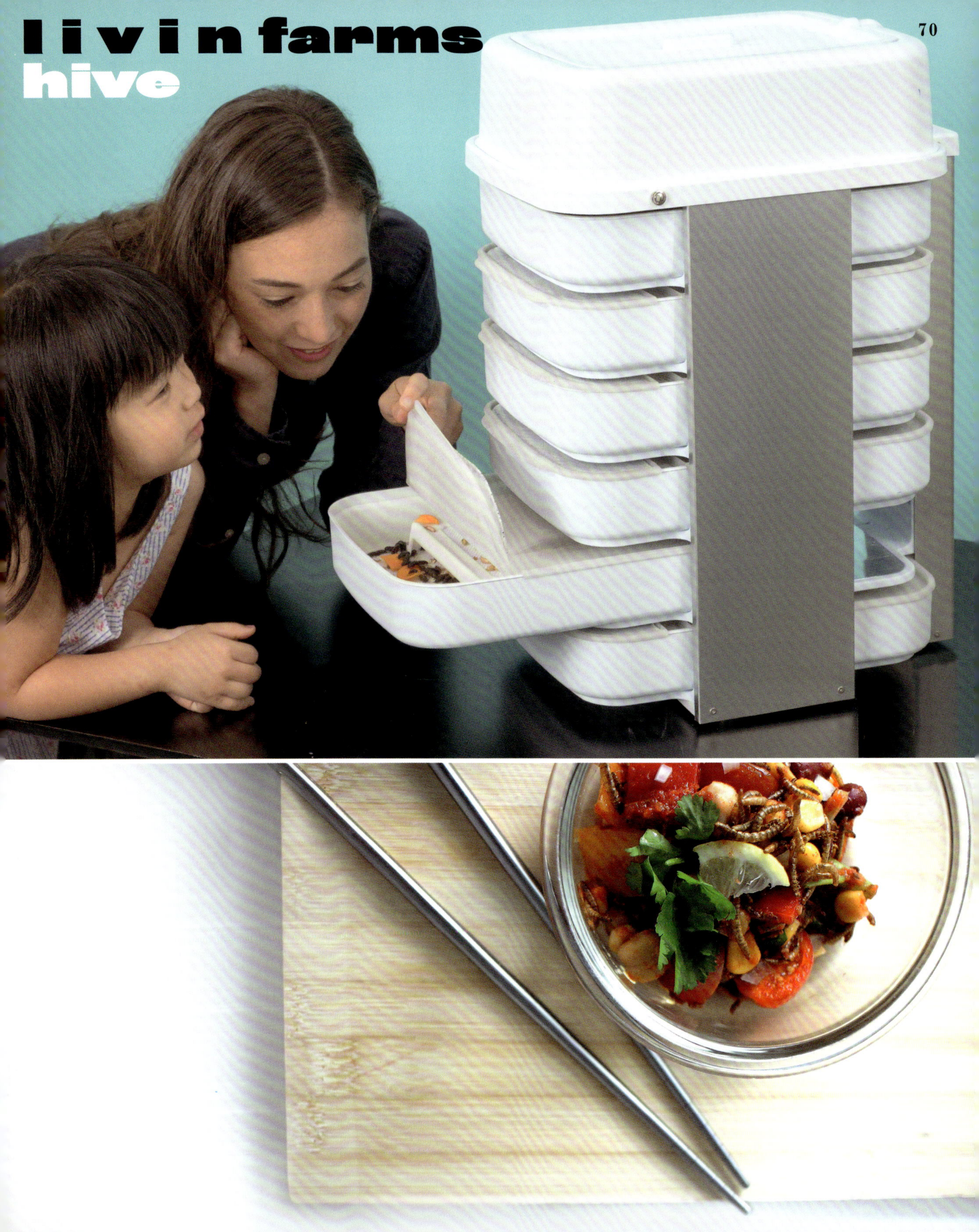

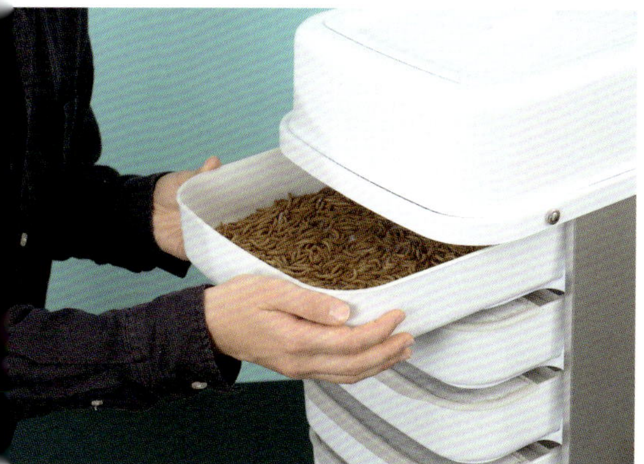

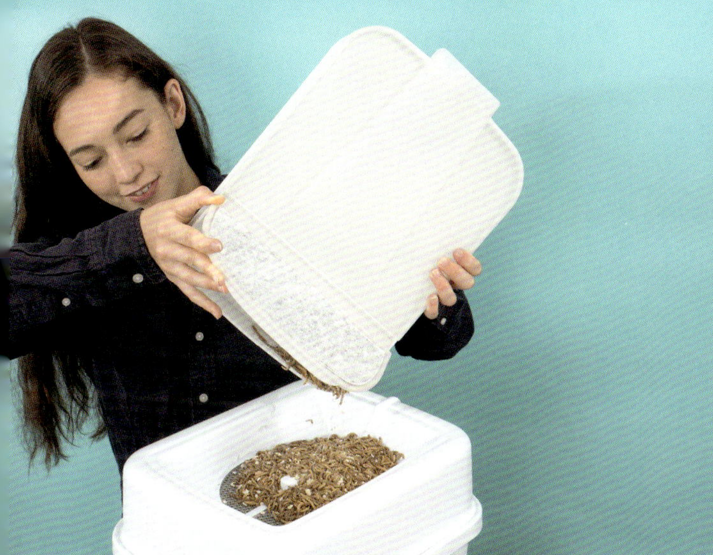

Die Mission von LIVIN Farms besteht darin, essbare Insekten in eine nachhaltige und gesunde Nahrungsoption für jedermann zu verwandeln. Ihr erstes Produkt ist die weltweit erste Tisch-Insektenfarm. Man kann jetzt eine Ernährungsrevolution direkt bei sich zu Hause starten! Die Herstellung von Lebensmitteln mit dem *Hive* ist effizient, einfach, amüsant und sauber. In wenigen leichten Schritten gelingt die eigene Proteinproduktion: Man lege einige Mehlwürmer in das Verpuppungsfach in der obersten Schublade, füge einige Haferflocken und Gemüsestückchen hinzu, und die Mehlwürmer werden innerhalb einiger Tage zu erwachsenen Käfern heranreifen. Diese fangen an, sich zu paaren; sobald man kleine Mehlwürmer in der Schublade sieht, kann man anfangen, wieder Haferflocken und Gemüsestückchen zu verfüttern. Sobald die Mehlwürmer die sechste Schublade erreichen, kann man mit der wöchentlichen Ernte beginnen. Der *Hive* für essbare Insekten macht die Benutzer*innen unabhängig und ermöglicht die eigene Herstellung von gesunden nachhaltigen Lebensmitteln. Aufgrund ihrer Vorzüge gelten Insekten als Teil der Lösung, die derzeitige ineffiziente industrielle Fleischproduktion überflüssig zu machen. Der Ehrgeiz von LIVIN Farms besteht darin, Werkzeuge und Technologien zu entwickeln, um Menschen neuartige Lebensmittel näherzubringen. Sobald sie die Apparatur sehen und erkennen, wie hygienisch, funktional und leicht es ist, Insekten als köstliches und gesundes Nahrungsmittel aufzuziehen, werden sie anfangen, auf andere Weise darüber nachzudenken.

LIVIN Farms' mission is to make edible insects a sustainable and healthy food option for everyone. Their first product is the world's first desktop hive for edible insects. You can now start a food revolution, right from a small space inside your home! Growing food with the *Hive* is efficient, simple, fun and clean. With a few easy steps you become independent in your protein production: Place mealworms in the pupation compartment in the top drawer, add in some oats and vegetable scraps, and then the mealworms will mature into adult beetles in a few days. These adults begin mating, when you see tiny mealworms in the drawer, you can start feeding oats and vegetable scraps. Once the mealworms reach the sixth drawer, you can begin your weekly harvest.

The edible insect desktop hive empowers you to become independent from any larger system and grow your own healthy and sustainable food. With their benefits, insects are one part of the solution to make the currently inefficient industrial scale production of meat obsolete. Our ambition is to develop tools and technologies that make people comfortable with novel foods, to build a relationship with it. Once they see the device and how hygienic, functional and easy it is to rear insects as delicious and healthy food, they start thinking about it in a different way.

andrew forkes & susana soares

insects au gratin

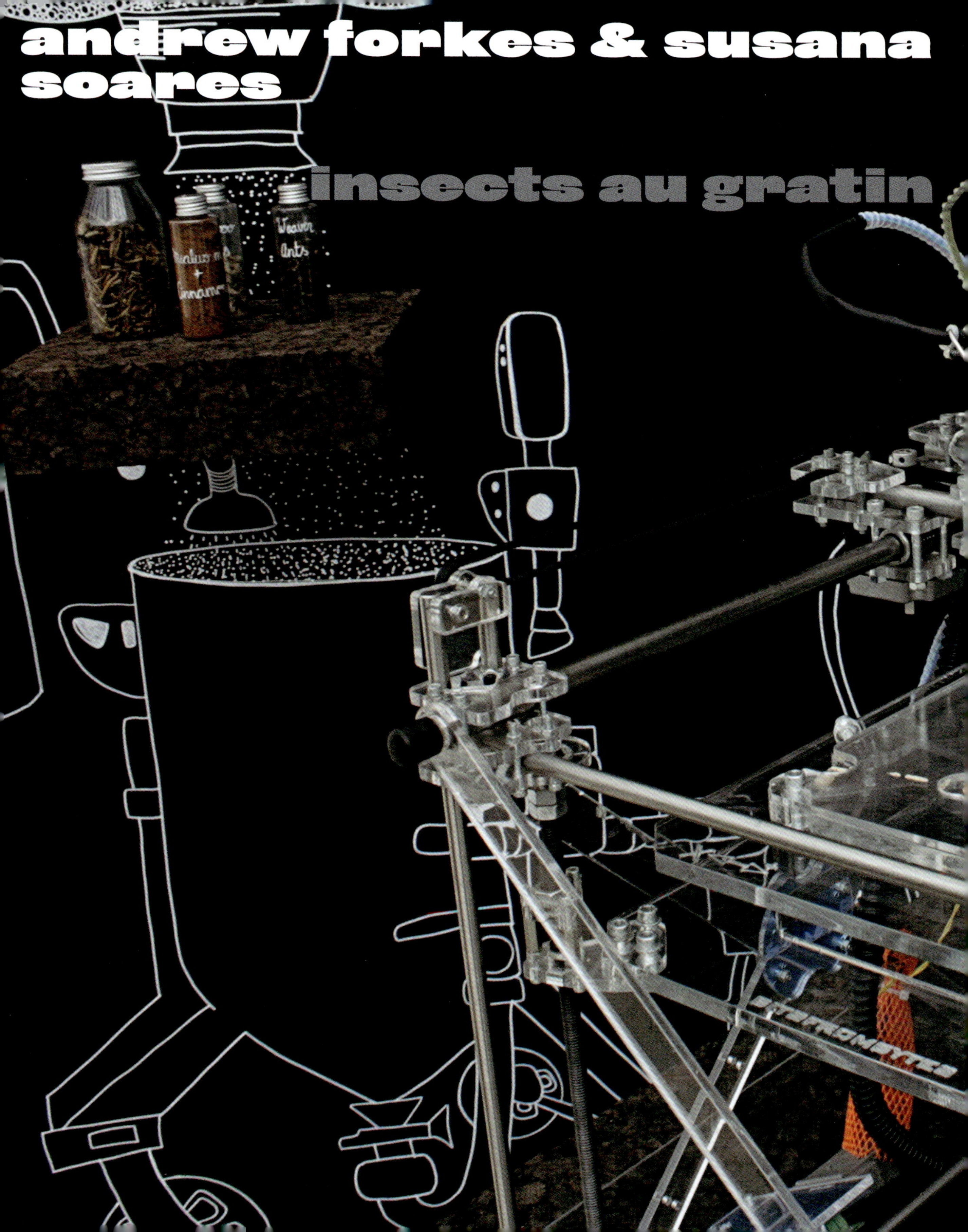

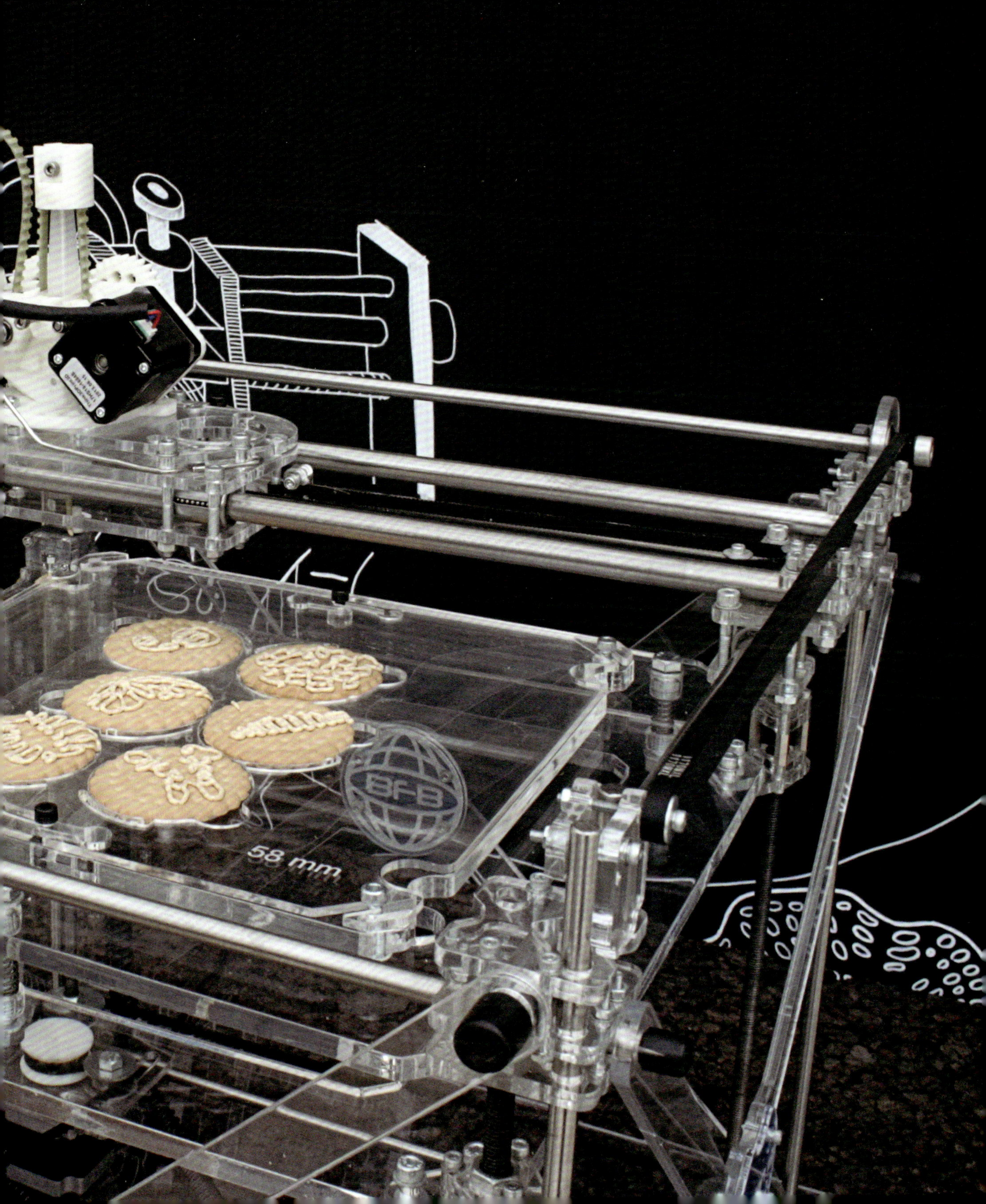

Könnte der Verzehr von Insekten eine mögliche Lösung für einige Ernährungsprobleme der Welt sein? Die Welternährungsorganisation der Vereinten Nationen betont, dass Trends bis zum Jahr 2050 eine stetige Zunahme der Bevölkerung auf neun Milliarden Menschen vorhersagen. Dies fordert eine wachsende Nahrungsmittelproduktion von den zur Verfügung stehenden agrarökonomischen Systemen, was zu einer noch größeren Belastung der Umwelt führen wird. Man geht davon aus, dass dies zu einem Mangel an Agrarland-, Wasser-, Wald-, Fischerei- und Biodiversitätsressourcen sowie an Nährstoffen und nicht erneuerbarer Energie führen wird. Auch wenn Entomophagie westlichen Gesellschaften fremd ist, konsumieren Menschen in nicht-westlichen Gebieten Insekten als Teil ihres regulären Speiseplans. Insekten sind sehr effizient darin, Pflanzen in essbares, an Vitaminen und Mineralien reiches Protein zu verwandeln. Vier Grillen liefern so viel Kalzium wie ein Glas Milch, und gewichtsmäßig enthalten Mistkäfer mehr Eisen als Rindfleisch. Die Aufzucht von Insekten erzeugt ein Zehntel des Methans, das bei der Bewirtschaftung traditioneller Fleischressourcen produziert wird, und es wird dabei vergleichsweise wenig Wasser verbraucht.
Insects au gratin konzentriert sich auf die Zukunft der Nahrung und erkundet die ernährungs- und umwelttechnischen Aspekte der Entomophagie in Verbindung mit 3D-Food-Printing-Technologien. *Insects au gratin* untersucht die Erfahrungen bei der Entwicklung eines 3D-Druckers, der auf Insektenprotein basierendes Mehl als Baumaterial für die Lebensmittelproduktion verwendet. In Verbindung mit der Aufzucht und Ernte von Insekten könnte dies zu einer nachhaltigen Nahrungsmittelquelle für eine wachsende Weltbevölkerung werden.

Could eating insects be a potential solution to some of the world's food problems? The Food and Agriculture Organisation of the United Nations has stressed that trends towards 2050 predict a steady population increase to nine billion people — forcing an increased food output from available agro-ecosystems resulting in an even greater pressure on the environment. It is anticipated that this will lead to scarcity of agricultural land, water, forest, fishery and biodiversity resources, as well as nutrients and non-renewable energy. Although entomophagy is alien to the western society, people in non-western territories eat insects as part of a regular diet. Insects are very efficient at converting vegetation into edible protein, full of vitamins and minerals: four crickets provide as much calcium as a glass of milk, and dung beetles, by weight, contain more iron than beef. Farming insects generates one-tenth of the methane produced by farming traditional meat sources, and it uses comparatively less water.
Insects Au gratin focuses on the future of food and explores the nutritive and environmental aspects of entomophagy, combined with 3D food printing technologies. *Insects Au gratin* investigates the experiences of developing a 3D printer that uses insect-protein-based flour as a building medium for the production of food. This coupled with farming and harvesting insects could create a sustainable source of food for an increasing global population.

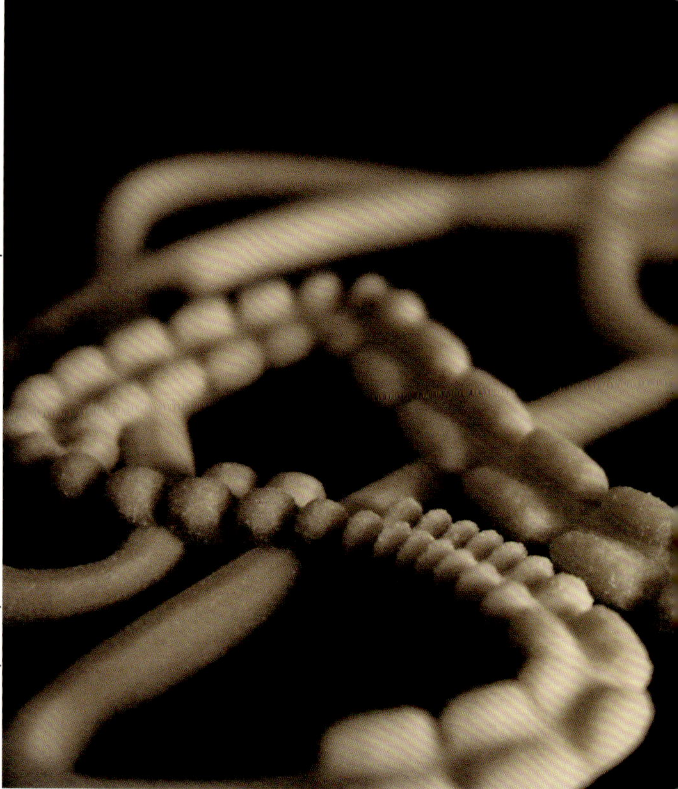

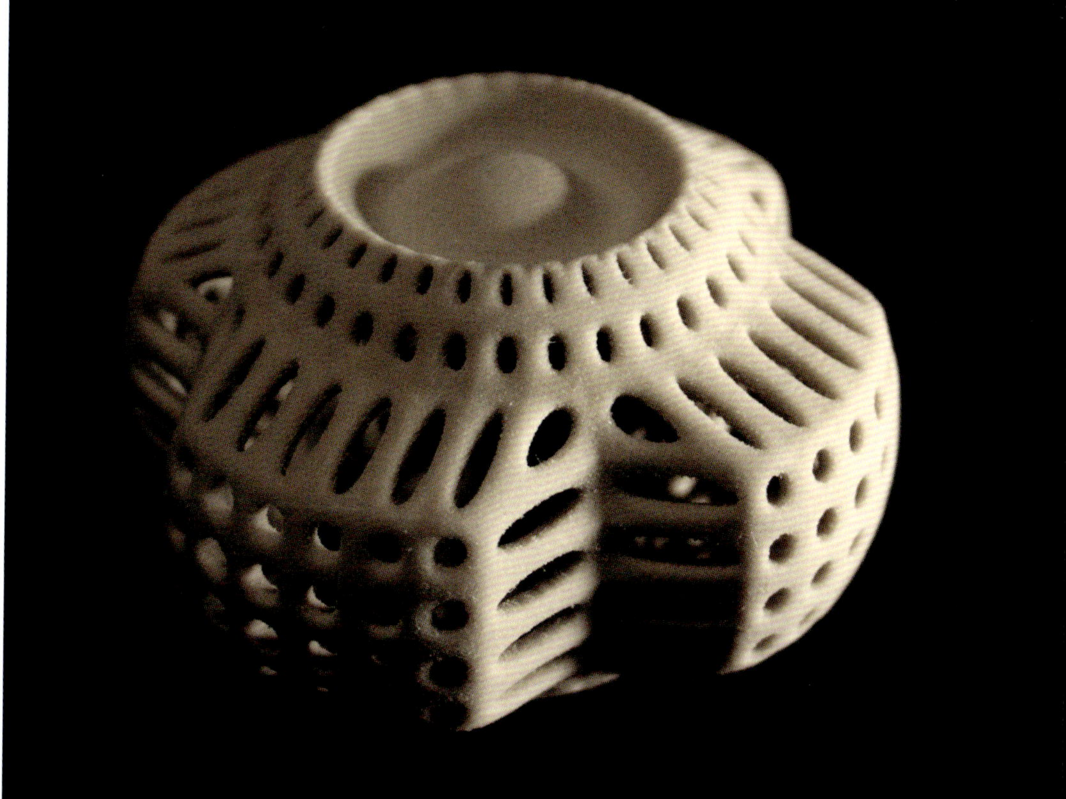

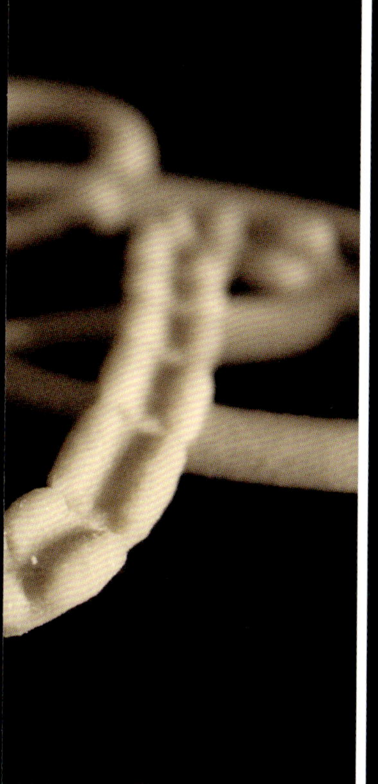

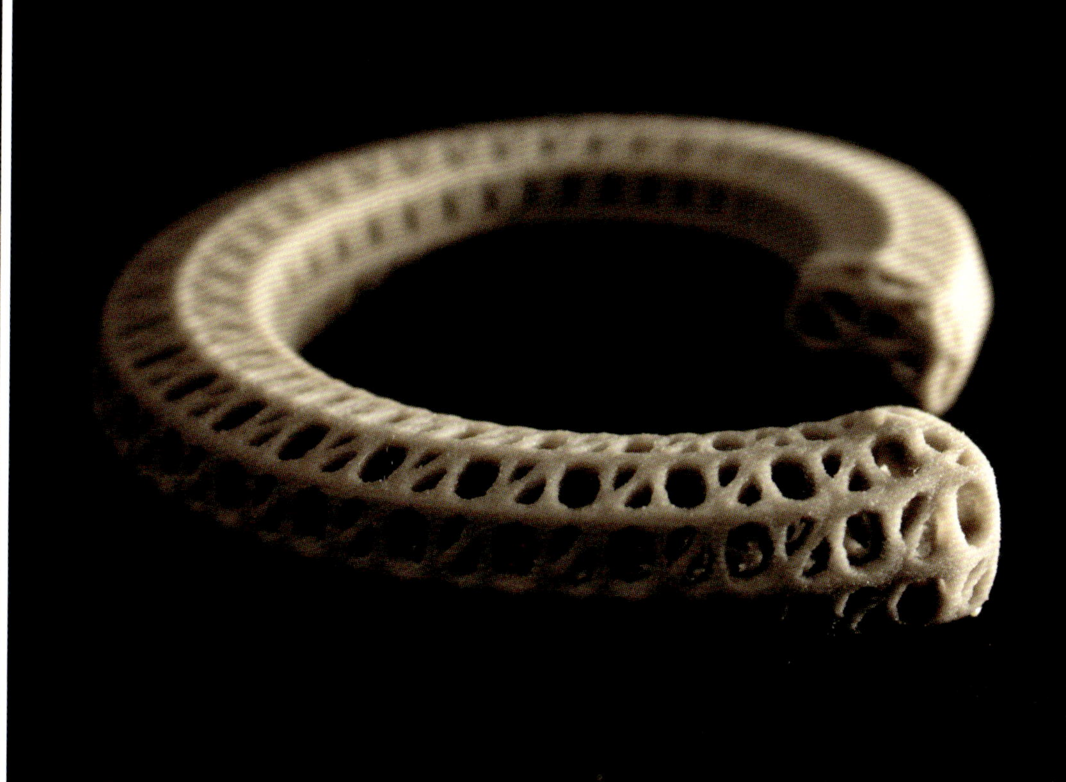

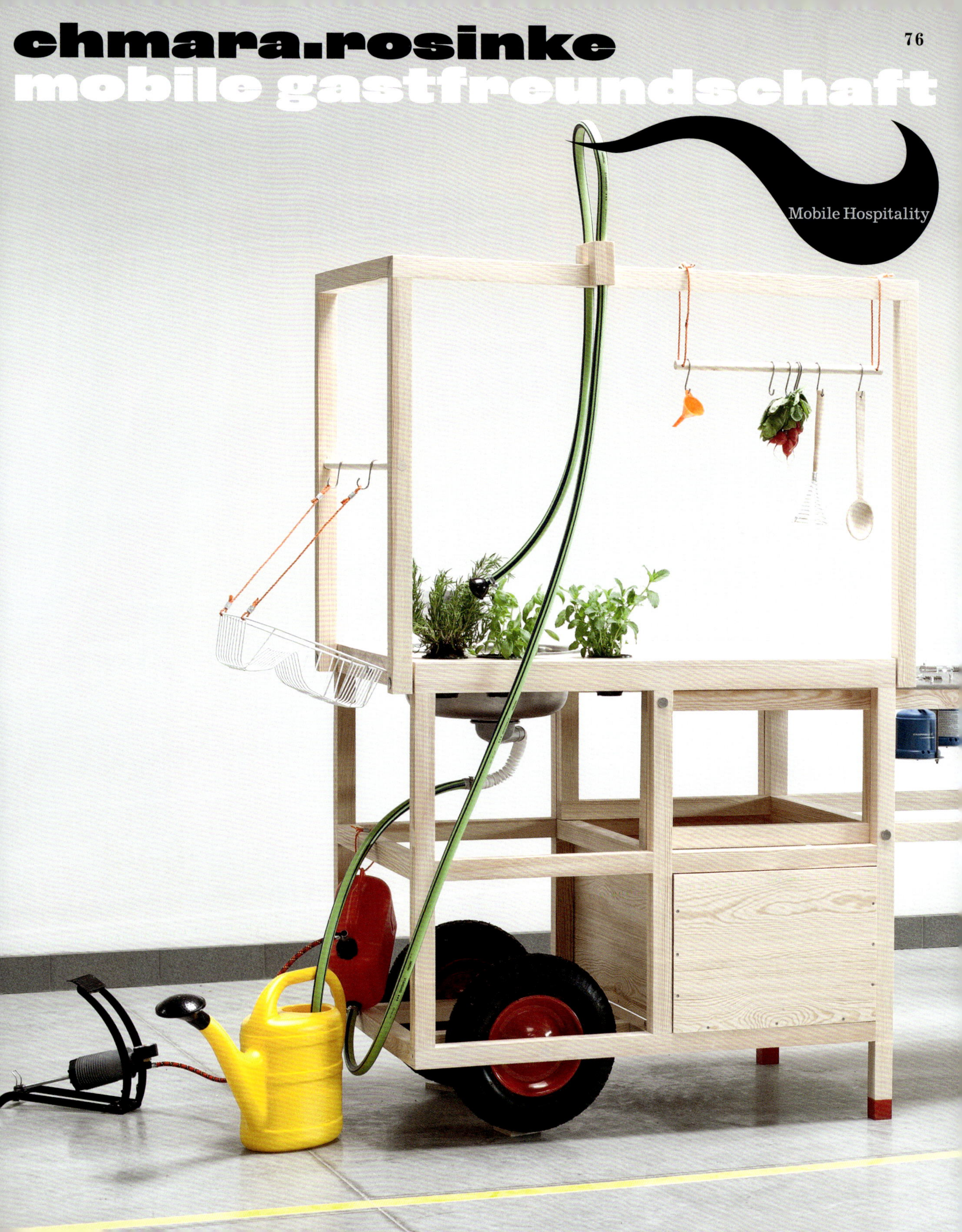
chmara.rosinke
mobile gastfreundschaft
Mobile Hospitality

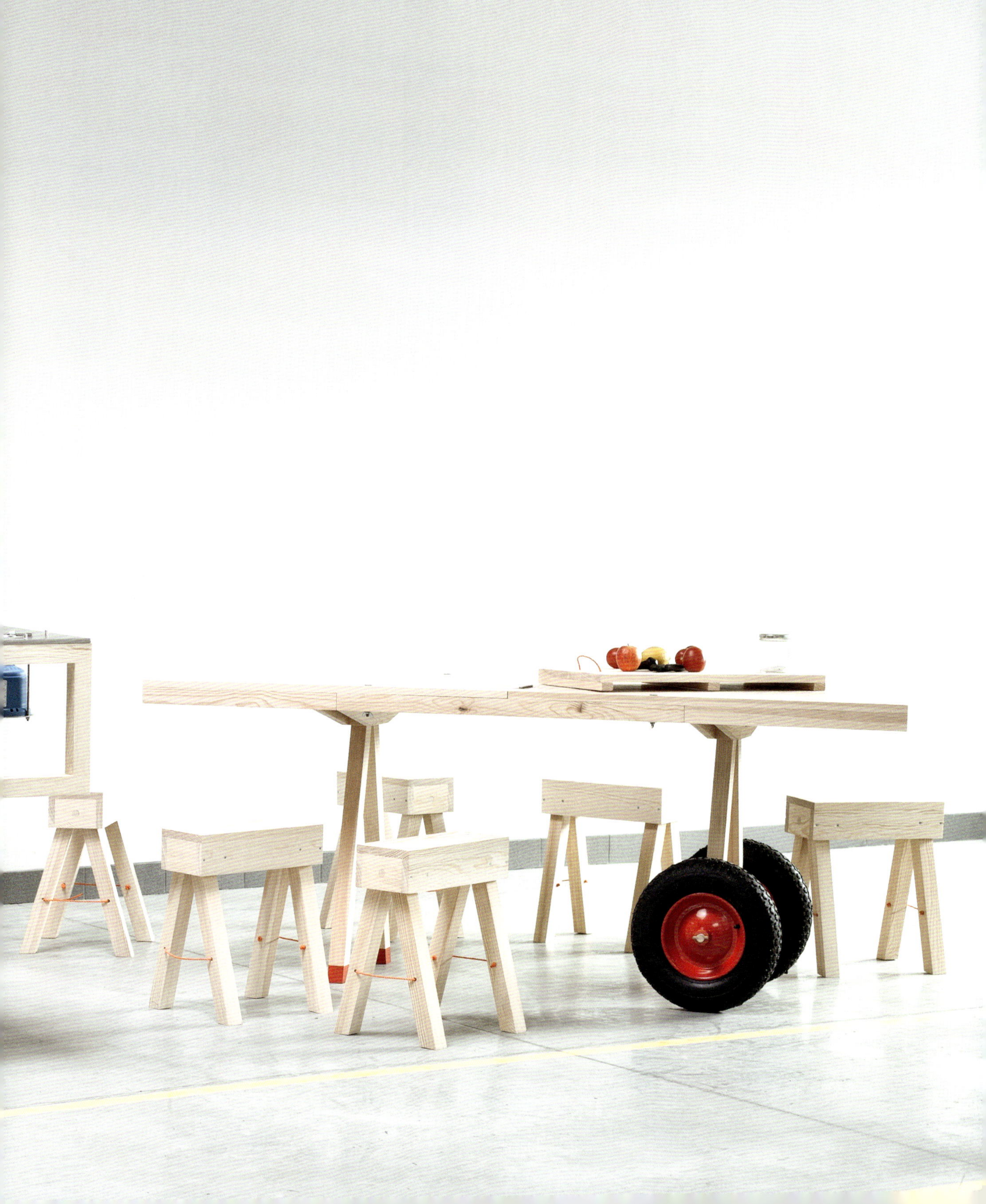

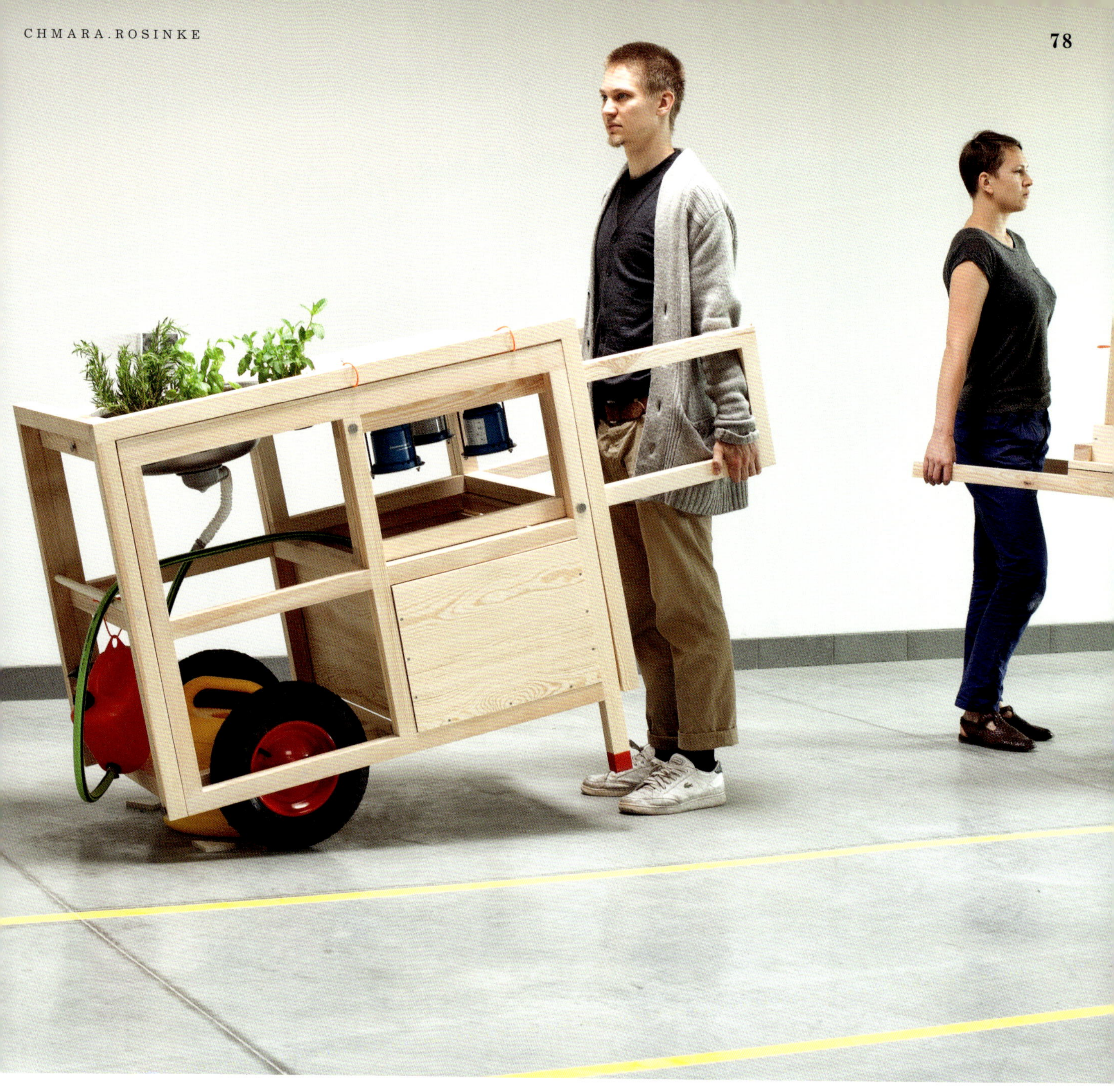

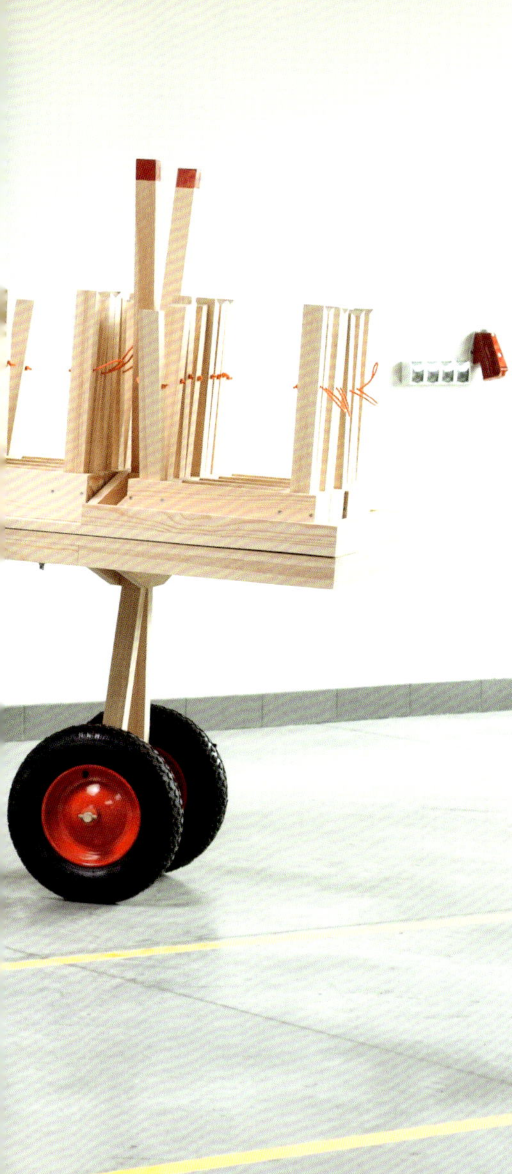

Die Philosophie der Gastfreundschaft und ihre festen Regeln bekommt, wer die Erziehung polnischer Eltern genießt, quasi in die Wiege gelegt. In Polen, dem Land aus dem chmara.rosinke stammen, wird auf Gastfreundschaft großen Wert gelegt. *Mobile Gastfreundschaft* besteht aus einer Küche, einem Tisch und mehreren Hockern. Alle Objekte des Sets lassen sich zusammenklappen und wie eine Schubkarre fahren. Die Küche ist voll ausgestattet mit Kochfeldern — wahlweise Gas oder Induktion — einem Waschbecken, einer Wasserpumpe und genügend Stauraum für alle wichtigen Kochutensilien. Für den unkomplizierten Transport über weitere Strecken können die Räder des Tisches demontiert und dieser auf die Küche gestellt werden. chmara.rosinke ziehen mit der *Mobilen Gastfreundschaft* durch die Orte. Am großen Tisch finden viele einander fremde Menschen Platz. Er dient nicht zuletzt symbolisch als ideale Plattform für die Diskussion. Durch die Küche werden Menschen angelockt, denn ein ordentliches Gericht bildet die Grundlage der Gastfreundschaft. Ein*e gute*r Gastgeber*in tischt natürlich nur Selbstgemachtes auf. Im Fokus des Projekts steht ein sozialer Aspekt. Man sitzt gemeinsam eng an einem Tisch mit Unbekannten und tauscht sich aus. Damit bringt die *Mobile Gastfreundschaft* die Anfänge des Kochens, als man gemeinsam am offenen Feuer saß, im Freien aß und Geschichten erzählte, in den Stadtraum zurück und vermag so, ihn aktiv mitzugestalten.

The philosophy of hospitality and its invariant rules is more or less the birthright of anyone brought up by Polish parents. In Poland, the country of origin of chmara.rosinke, hospitable behavior is highly valued. *Mobile Hospitality* consists of a kitchen, a table, and a number of stools. All of the objects in this ensemble can be folded together and rolled along like a wheelbarrow. The kitchen is fully equipped with a stovetop (optional is either gas or induction), a sink, a water pump, and enough storage space for all essential cooking utensils. For uncomplicated transport over large distances, the table's wheels can be removed and mounted on the kitchen unit. Together with *Mobile Hospitality*, chmara.rosinke travel through various localities, where groups of strangers sit together around the large table. Not least of all, it serves symbolically as an ideal platform for engaging in discussion. The kitchen serves to attract people. After all, a decent meal is the basis of hospitality. And needless to add, a good host serves only homemade dishes. The focus of this project is the social aspect. Hitherto unacquainted people sit close together around the table, sharing ideas. In this way, *Mobile Hospitality* reintroduces the origins of cooking — when people sat together in front of an open fire, eating out-of-doors while exchanging stories — into the urban realm, actively shaping it in the process.

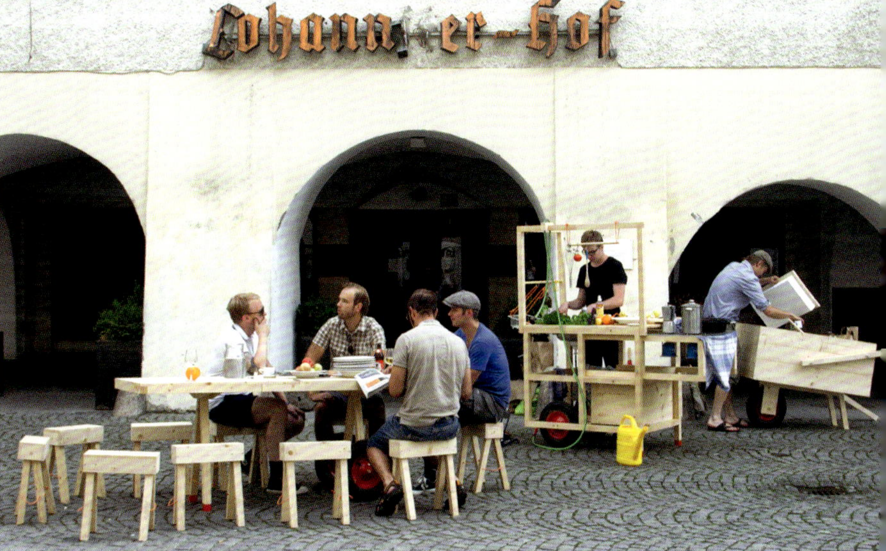

julia lohmann & marcis ziemins

seetang-geschirr

Seaweed Table Ware

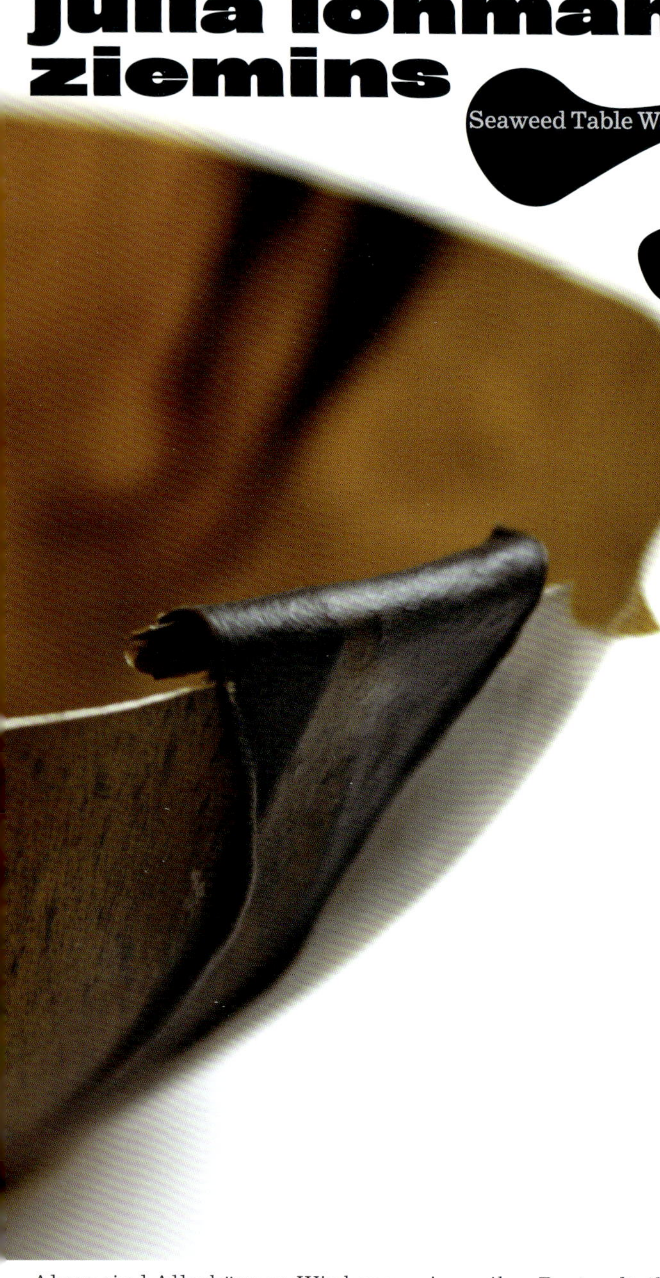

Algen sind Alleskönner. Wir konsumieren ihre Bestandteile täglich, als Teil von Nahrungsmitteln, Kosmetika und Medikamenten. Was aber lässt sich aus den Meeresalgen selbst machen, aus denen diese Stoffe gewonnen werden? Braunalgen wachsen beispielsweise in nur einem Jahr bis zu sechs Meter in die Länge und 30 Zentimeter in die Breite — und reinigen dabei das Meer. Um Fischfarmen herum angepflanzt filtern Braunalgen 10% der Fischfäkalien aus dem Wasser. Gezielt dort angepflanzt, können die Algen neue lokale Produktionskreisläufe schaffen. Bis zur Ernte bieten sie einer Vielzahl von Meeresbewohnern Lebensraum.

Was würden Sie aus Algen machen? Veganes Leder? Einmalgeschirr? Kleidung? Schmuck? Das 2013 von Julia Lohmann am Londoner Victoria & Albert Museum gegründete Department of Seaweed widmet sich der Erforschung von Algen als Designmaterial. Nachhaltige und ethisch vertretbare Nutzung sind dabei oberstes Gebot. Die interdisziplinäre Gruppe aus Designern, Wissenschaftlern und Spezialisten aus anderen Bereichen erprobt Seetangmaterialien in Form von Prototypen und Gegenständen. Diese sollen die Qualitäten des Materials im wahrsten Sinne begreifbar machen, um zum Spekulieren über Zukunftsszenarien anzuregen, in denen Seetang ein ganz normales Alltagsmaterial ist.

Die in der Ausstellung gezeigten Prototypen für Schalen bestehen aus den großflächigen Blättern japanischer Braunalgen. Die Objekte sind noch nicht produktionsreif, zeigen aber mögliche Potenziale in puncto Oberfläche, Transparenz und Verarbeitungsmöglichkeiten, die sich auch auf europäische Algenspezies übertragen lassen.

Seaweeds — *marine algae* — are champions of versatility. We consume their elements daily, as ingredients in foodstuffs, cosmetics, and medicines. But what can be produced from the marine algae themselves, from which these materials are harvested? Brown algae, for example, can grow up to 6 meters in length and 30 centimeters in width in just one year — and they purify the ocean in the process. Planted around fish farms, brown algae filter 10% of the fish feces from the water. Cultivated in targeted ways, algae are capable of producing new local production cycles. Before being harvested, they furnish a multiplicity of sea creatures with a hospitable environment.

What would you make from seaweed? Vegan leather? Disposable tableware? Clothing? Jewelry? The Department of Seaweed, founded by Julia Lohmann in 2013 at London's Victoria & Albert Museum, is dedicated to investigating seaweed as a design material. The top priority is to develop sustainable and ethically defensible uses. The interdisciplinary group, composed of designers, scientists, and specialists from various areas, explores seaweed as a material in the form of prototypes and objects. These activities are intended to make the quality of this material graspable in the truest sense of the word, and to stimulate the elaboration of future scenarios in which seaweed is a perfectly ordinary and everyday material.

The prototypes for bowls on display in the exhibition consist of large sheets of Japanese brown algae. These objects are not yet ready for production, but suggest the potentialities of the material with regard to surface quality, transparency, and production methods, and will hopefully be applicable to European algae

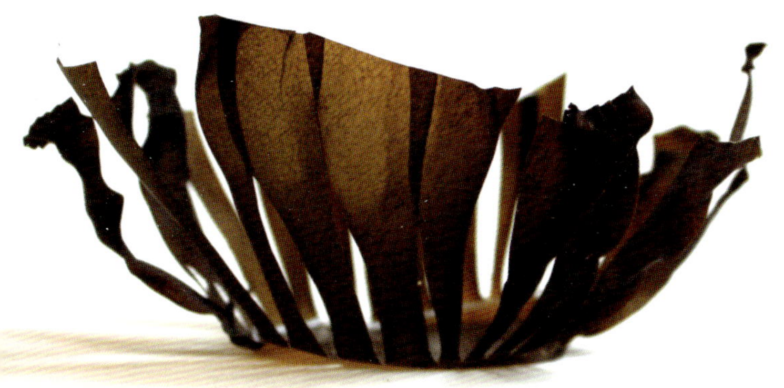

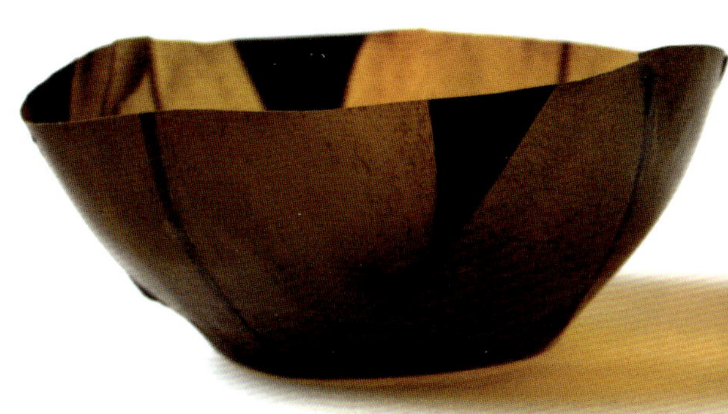

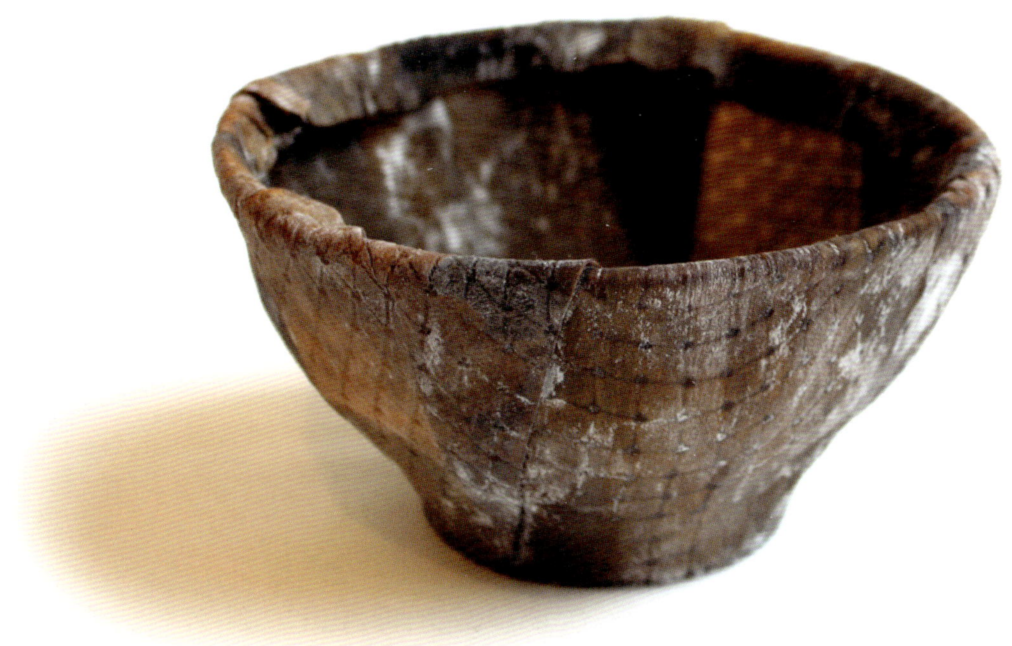

kosuke araki
food waste ware

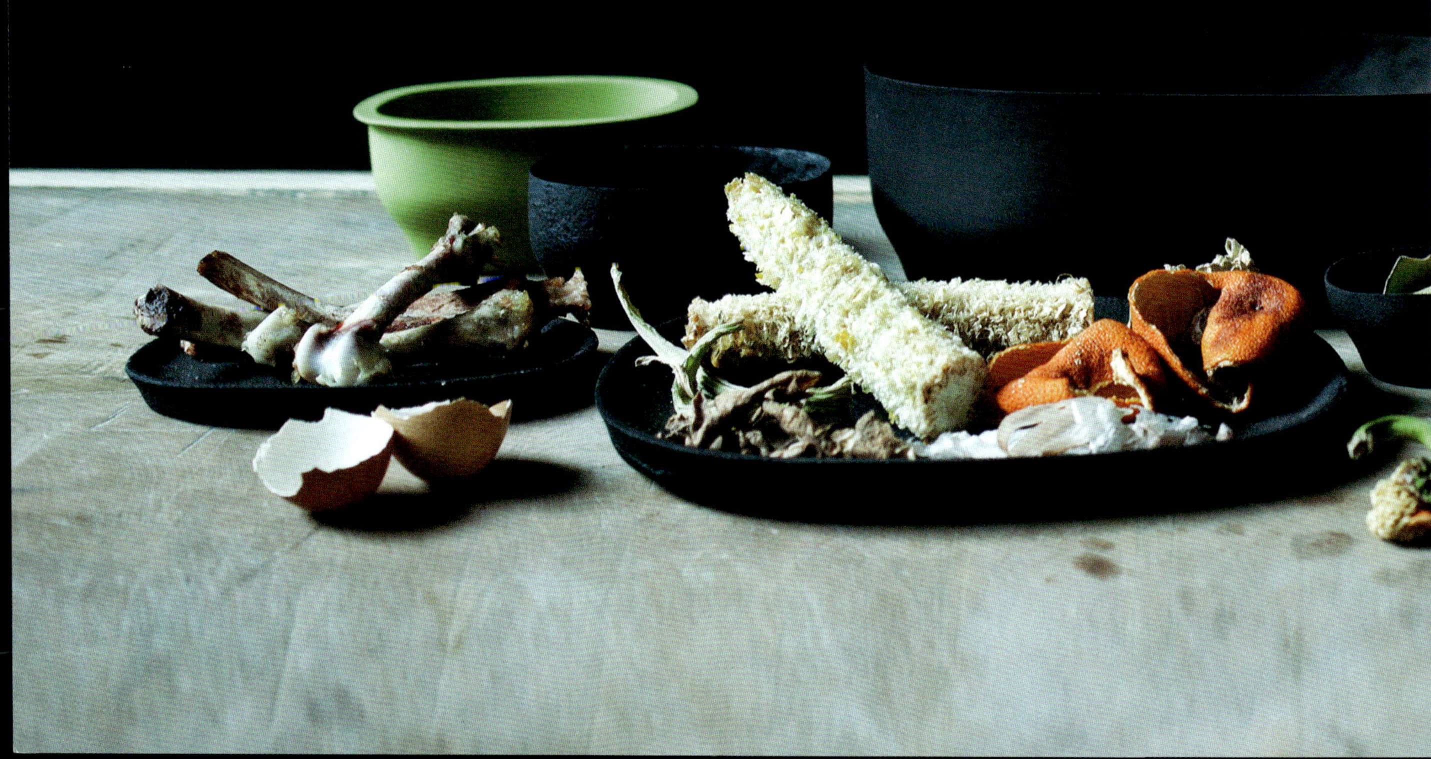

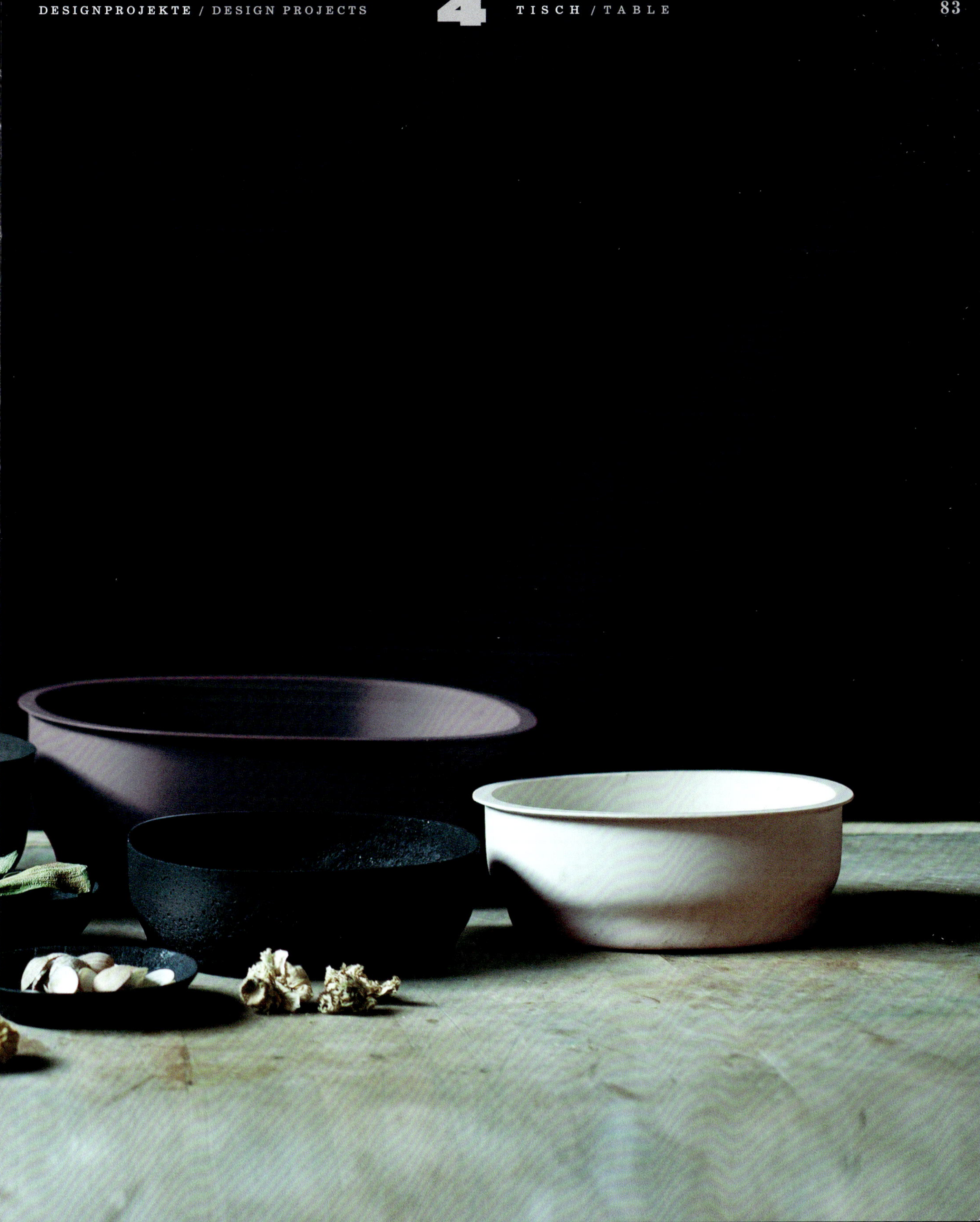

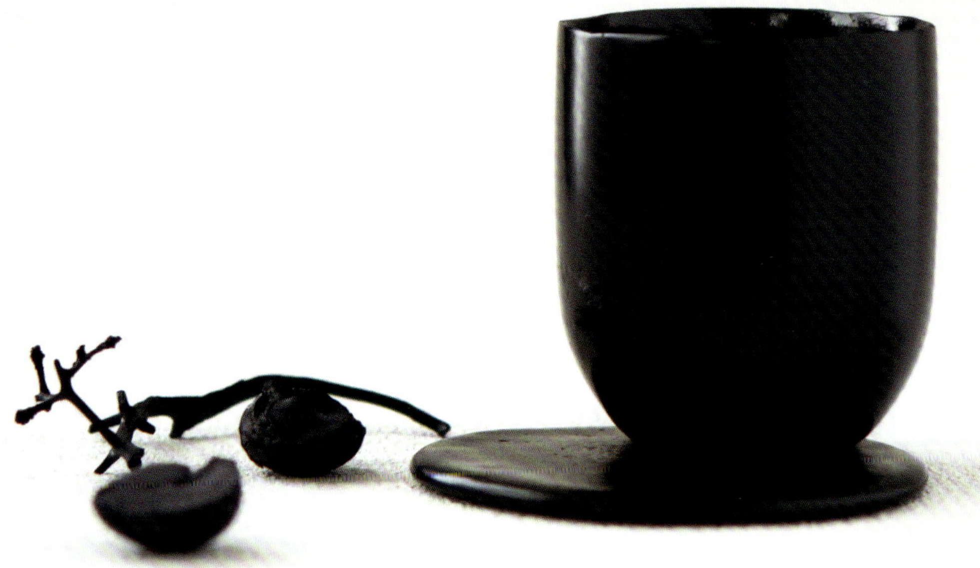

Food Waste Ware besteht buchstäblich aus Speiseabfällen, die von Märkten, aus Lebensmittelläden und aus der Küche des Künstlers stammen. Zusammen mit Knochenleim, ebenfalls ein Nebenprodukt der Lebensmittelindustrie, wird verkohlten Gemüseabfällen eine Gestalt verliehen. Jeden Tag werden — im großen industriellen Maßstab wie auch im kleinen häuslichen — Lebensmittelabfälle produziert. Obwohl ein Teil davon zu etwas Nützlichem weiterverarbeitet wird, landet das meiste auf Mülldeponien und trägt so zu den Umweltproblemen bei. Wir können leben, da wir Lebensmittel essen. Das bedeutet, dass wir anderen Lebewesen das Leben nehmen. Statt sie danach einfach als Abfall zu entsorgen, ist es möglich, Lebensmittelreste als Material zu benutzen und so zugleich Leben wertzuschätzen. Damit sollen Menschen auf die Realität unserer derzeitigen Verschwendung von Lebensmitteln und auf die Tatsache hingewiesen werden, dass wir es manchmal am nötigen Respekt vor dem Leben fehlen lassen.
Anima ist das Ergebnis einer kontinuierlichen Weiterentwicklung von *Food Waste Ware*. Das Auftragen von Urushi (japanischem Lack) erhöht die praktische Stabilität des Geschirrs, zugleich die Schwärze und den Glanz des Materials. Historisch gesehen steht das Urushi-Handwerk in engem Zusammenhang mit Lebensmitteln. Überreste von Mahlzeiten, Mehl, Tofu oder Eiweiß werden mit Urushi vermengt, um dessen Zähigkeit an die Herstellung von Leim oder klebrigen Texturen anzupassen. *Anima* interpretiert diesen mit Lebensmitteln verbundenen Aspekt in einem zeitgenössischen Kontext neu. Essen ist kein Gegenstand, Essen ist Leben. Diese Arbeiten bieten uns die Gelegenheit, über unsere alltäglichen Konsumgewohnheiten nachzudenken. Selbst Dinge, die als hässlich gelten, lassen sich in etwas Schönes und Wertvolles verwandeln.

The tableware of *Food Waste Ware* is literally made out of food waste collected from food markets, shops and the artist's kitchen. Carbonised vegetable waste mixed with animal glue, which is also gained as a by-product from the food industry, is moulded into a shape. Every day, food waste is produced at a huge industrial scale as well as a small domestic scale. Although some of it is processed into something useful, most is disposed of in landfills, contributing to environmental problems. We can live as we eat food. This means to take lives of other living things. Instead of throwing them away just as waste after that, it is possible to use food waste as a material with appreciation for lives, aiming to make people take notice of the reality of current food waste issue and the fact we sometimes forget to have regard for them.
Anima is a result of continuous development of *Food Waste Ware*. Being lacquered with Urushi (Japanese lacquer) it is given practical strength. Application of Urushi enhances its blackness and polish. Urushi craft historically has a close relationship with food. Leftovers of a meal, flour, tofu or albumen is mixed with Urushi to adjust its viscosity for making sticky glue or textures. *Anima* reinterprets this food-related aspect in a contemporary context. Food is not a thing but life. These works provide an opportunity of reflecting customs of daily consumption. Even what considered as ugly can be turned into something beautiful and precious.

werk- und abbildungsverzeichnis / list of works and illustrations

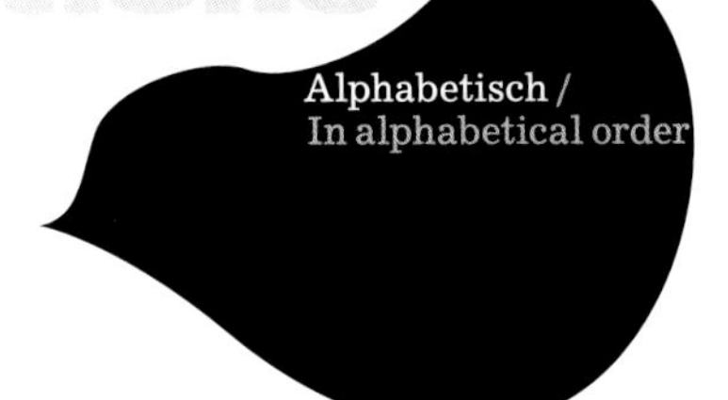

Araki, Kosuke (geb. 1988, lebt und arbeitet in Tokio, Japan), *Food Waste Ware*, seit 2013, Lebensmittelabfälle, Knochenleim. Im Besitz des Designers. © Masami Naruo. /// *Anima*, 2018, Lebensmittelabfälle, Knochenleim, Urushi. Im Besitz des Designers. © Kosuke Araki. (S. 82–85)

Austermann, Bastian & Luisa Hilmer (geb. 1991 & 1993, leben und arbeiten in Hamburg, Deutschland), *TONKÜHLER*, 2017, Ton, Sand, Holz, Metall. Im Besitz der Designerin. © Bastian Austermann, Luisa Hilmer. (S. 68–69)

Bee Collective | Janicke Kernland, Daniel Meier & Robin van Hontem (geb. 1966, 1963 & 1983, leben und arbeiten in Maastricht, Niederlande), *Sky Hive Solar*, 2014, Modell, 3D-Druck. Im Besitz der Designer*innen. © Bee Collective. (S. 48–49) /// Film: *Sky Hive*, 2017, 04:03 Min., Produktion: Daniel van Hauten. © Bee Collective. (nicht abgebildet)

Bionicraft | Chen Hsiang Chao (geb. 1988, lebt und arbeitet in Taipeh, Taiwan) *Biovessel*, 2016, Hart-Polyethylen, Korkholz. Museum für Kunst und Gewerbe Hamburg. © Bionicraft. (S. 66–67) /// Film: *Biovessel*, 2016, 03:05 Min. © Bionicraft. (nicht abgebildet)

Bohn&Viljoen Architects, Projektwerkstatt »Uni Gardening« TU Berlin, FG Landschaftsarchitektur.Freiraumplanung TU Berlin | Katrin Bohn, Katharina Saur, Tom Zeller & Lucas Hövelmann (geb. 1969, 1992, 1988 & 1988, leben und arbeiten in Berlin, Deutschland & London, Großbritannien), *EAT the VIEW. Eine essbare Terrasse für das Kunstgewerbemuseum*, 2018, Hochbeete, Tisch, Hocker, Holz, Metall, Gewebe, Erdreich, Pflanzen, Wasser, Sonne. © Bohn&Viljoen Architects. (S. 44–47)

Bossin, Dan & Tony Pilz (geb. 1988 & 1989, leben und arbeiten in Berlin, Deutschland), *Plantboy*, 2018, 3D-Druck aus biologisch abbaubarem PLA, Acrylglas. Im Besitz des Designers. © Dan Bossin. (S. 40–41)

The Center for Genomic Gastronomy (Portland, Oregon, USA), *To Flavour Our Tears*, 2018, Projektion, Tisch, Hocker, Architekturmodell, Do-it-yourself-Mikroskop. Im Besitz der Designer*innen. © The Center for Genomic Gastronomy. (S. 60–63)

chmara.rosinke | Maciej Chmara & Ania Rosinke (geb. 1984 & 1985, leben und arbeiten in Berlin, Deutschland), *Mobile Gastfreundschaft*, 2010/11, massives Kiefernholz, Schubkarrenräder, Stahl, Gaskocher, Gummischlauch, Edelstahl, Fußpumpe, Kunststoffkanister. Im Besitz der Designer*innen. © chmara.rosinke. (S. 76–79)

Fachgebiet LandschaftsarchitekturFreiraumplanung TU Berlin | Juliane Brandt, Lukas Hövelmann und Studierende, Mapping urbaner Nahrungssysteme in Berlin, 2018. (S. 52–54) /// *Urbane Landwirtschaft in Da Nang*, © Katharina Lindschulte, 2015. (S. 52–53) /// *Hauptkomponenten und Prozesse eines städtischen Nahrungssystems*, © TU Berlin, Undine Giseke, Katharina Lindschulte, Juliane Brandt, Christoph Kasper, 2017. (S. 54)

Araki, Kosuke (d.o.b. 1988, lives and works in Tokyo, Japan), *Food Waste Ware*, since 2013, food waste, animal glue. In the designer's possession. © Masami Naruo. /// *Anima*, 2018, food waste, animal glue, Urushi. In the designer's possession. © Kosuke Araki. (pp. 82–85)

Austermann, Bastian & Luisa Hilmer (d.o.b. 1991 & 1993, live and work in Hamburg, Germany), *TONKÜHLER*, 2017, clay, sand, wood, metal. In the designers' possession. © Bastian Austermann, Luisa Hilmer. (pp. 68–69)

Bee Collective | Janicke Kernland, Daniel Meier & Robin van Hontem (d.o.b. 1966, 1963 & 1983, live and work in Maastricht, Netherlands), *Sky Hive Solar*, 2014, model, 3D print. In the designers' possession. © Bee Collective. (pp. 48–49) /// Film: *Sky Hive*, 2017, 04:03 min., production: Daniel van Hauten. © Bee Collective. (not shown)

Bionicraft | Chen Hsiang Chao (d.o.b. 1988, lives and works in Taipeh, Taiwan) *Biovessel*, 2016, High Density Polyethylen, corkwood. Museum für Kunst und Gewerbe Hamburg. © Bionicraft. (pp. 66–67) /// Film: *Biovessel*, 2016, 03:05 Min. © Bionicraft. (not shown)

Bohn&Viljoen Architects, Projektwerkstatt »Uni Gardening« TU Berlin, FG Landschaftsarchitektur.Freiraumplanung TU Berlin | Katrin Bohn, Katharina Saur, Tom Zeller & Lucas Hövelmann (d.o.b. 1969, 1992, 1988 & 1988, live and work in Berlin, Germany & London, Great Britain), *EAT the VIEW. An edible terrace for the Kunstgewerbemuseum*, 2018, raised beds, table, stools, wood, metal, textile, soil, edible plants, water, sun. © Bohn&Viljoen Architects. (pp. 44–47)

Bossin, Dan & Tony Pilz (d.o.b. 1988 & 1989, live and work in Berlin, Germany), *Plantboy*, 2018, 3D print of biodegradable PLA, acrylic glass. In the designer's possession. © Dan Bossin. (pp. 40–41)

The Center for Genomic Gastronomy (Portland, Oregon, USA), *To Flavour Our Tears*, 2018, projection, table, stools, architectural model, DIY microscope. In the designers' possession. © The Center for Genomic Gastronomy. (pp. 60–63)

chmara.rosinke | Maciej Chmara & Ania Rosinke (d.o.b 1984 & 1985, live and work in Berlin, Germany), *Mobile Hospitality*, 2010/11, pine wood, wheelbarrow wheels, stainless steel, gas cooker, rubber hose, foot pump, plastic canister. In the designers' possession. © chmara.rosinke (pp. 76–79)

Fachgebiet LandschaftsarchitekturFreiraumplanung TU Berlin | Juliane Brandt, Lukas Hövelmann and students, *Mapping Urban Food Systems in Berlin*, 2018. (pp. 52–54) /// *Urban Agriculture in Da Nang*, © Katharina Lindschulte, 2015. (pp. 52–53) /// *Main components and processes of an urban food system*, © TU Berlin, Undine Giseke, Katharina Lindschulte, Juliane Brandt, Christoph Kasper, 2017. (p. 54)